JN025203

今日から
モノ知り
シリーズ

トコトンやさしい

相対性理論の本

およそ100年前にアインシュタインによって導かれた相対性理論。あまりにも有名なこの理論について、特殊および一般相対性理論とその工学への応用例を中心に、物理の基礎として、実例を挙げながらやさしく紹介する。

山﨑耕造

B&Tブックス
日刊工業新聞社

はじめに

最近のSF映画で必ずと言ってよいほど登場するのが、未来や過去への「タイムトラベル（時間旅行）」と、さまざまな形態での「パラレルワールド（並行世界）」です。古くは、日本には「浦島太郎」と「竜宮城」のおとぎ話がありますが、2016年に大ブレークしたアニメーション映画「君の名は。」（新海誠監督）でも、時空を飛び越えてのタイムトラベルとパラレルワールドとが話の中に組み入れられています。

最近では、重力波の直接的観測や、ブラックホールの映像の直接的観測がなされ、アインシュタインの百年もの前からの宿題の答えを得ることができて、世界的に相対性理論が注目されています。

本書では、静止物体と高速物体での時間の進みが同じではないというタイムトラベルにも関連する「特殊相対性理論」と、時間と空間がゆがめられて別の宇宙につながるというパラレルワールドにも関連する「一般相対性理論」との基礎と応用に関する解説を述べます。宇宙のダイナミックスを表す相対性理論に対して、ともに現代物理学の2本の柱のひとつとしてのミクロ世界の量子論とのつながりや、それらを含めた宇宙の未来展望をも考えます。

世の中には、やさしく書かれた相対性理論の本がいくつかありますが、本書では、初等幾何や初等数学で理解できるようにやさしく説明を行い、読者自身が実際の相対論効果を計算できるように、あえて数式も記載しました。概要のみを理解したい場合には、数式などをスキップして頂ければと思います。

それでは、1～2章の歴史編では相対性理論とは何かを述べ、その生い立ちを考え、3～4章では慣性系としての特殊相対性理論の基礎と応用を、5～6章では重力を含めた加速度系の一般相対性理論を、そして、7章では相対論と量子論との関係を考えます。さらに、8～10章の未来編では、未来のエネルギー発生・利用やタイムトラベルの可能性、宇宙膨張の解明について、順にやさしく述べていきます。

本書は、日刊工業新聞社の鈴木徹部長からの企画のご提案を契機として、執筆いたしました。関連の多くの方々のご尽力に、深く感謝致します。

本書が相対性理論に関連する幅広い興味を持つ契機となれば、と願っております。

山﨑耕造

2019年11月吉日

トコトンやさしい

相対性理論の本

目次

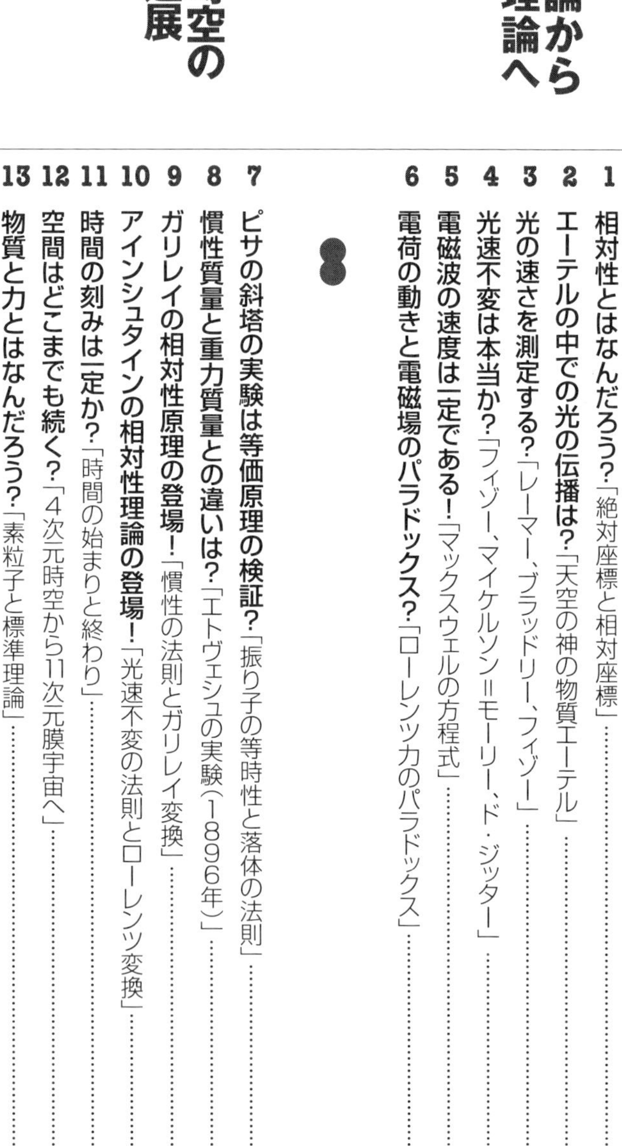

第1章 古典理論から相対性理論へ

第2章 物質と時空の概念の進展

第3章 特殊相対性理論の基礎

第4章 特殊相対性理論の検証と応用

第5章 一般相対性理論の基礎

第6章 一般相対性理論の検証と応用

第7章 相対論と量子論の統合

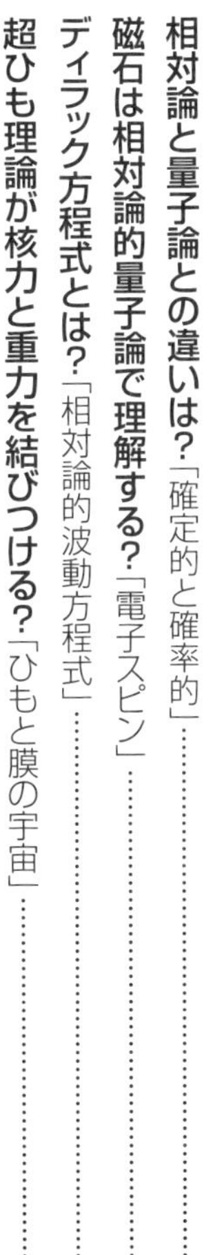

第8章 未来のエネルギー制御

第9章 未来の時空制御

第10章 未来の宇宙進化

【コラム】

第1章

古典理論から相対性理論へ

1 相対性とはなんだろう？

絶対座標と相対座標

本書のテーマである相対性理論の「相対性」とは、そもそも何でしょうか？「相対」の反対語は「絶対」ですが、物理学の理論の中で、何が絶対的であり、何が相対的なのでしょうか？

物理学とは文字通り「物の理（ことわり）」の学問であり、自然界の現象を数少ない基本原理により実証的に説明しようとする学問です。最も有名な物理者を挙げるとすると、古典力学のアイザック・ニュートンと相対性理論のアルバート・アインシュタインの2人でしょう（上図）。

ニュートンは、微分積分学を発展させ、運動の3法則と万有引力の法則の古典力学を完成させ、著書「自然哲学の数学的諸原理」にまとめあげました。

宇宙には絶対的な静止点や静止座標があり、時間は刻みが一定で一様に流れており、空間（距離）も不変で一定であるとしました。「絶対時間」と「絶対空間」とを前提としているのです（下図）。その前提の下で、位置、速度、加速度が定義されました。

例えば、列車の座席に座っているA君と駅のホームの長椅子に座っているBさんとを考えてみましょう。A君は列車内で静止していますが、Bさんから見ればA君は動いています。逆にA君から見ればBさんは動いています。運動は相対的であり、ニュートンの古典力学ではA君もBさんも絶対的な時間と絶対的な空間の上で、同じ運動の法則（ニュートンの運動の法則）に従っていることになります。これが「ガリレイの相対性原理」に相当します。

一方、アインシュタインは、時間や空間距離は観測する人により変化するという「相対時間」や「相対空間」を考え、絶対なのは「光の速度」であるとしました。観測者の座標系が異なっても物理法則が成り立っているという「相対性理論」を提唱したのです（下図）。

これは従来の直感とは異なる考え方でした。

要点BOX

- ●物理学の巨匠：ニュートンとアインシュタイン
- ●ニュートンの絶対時間と絶対空間
- ●アインシュタインの相対時間と相対空間

偉大な物理学者ニュートンとアインシュタイン

アイザック・ニュートン
（イギリス、1642-1727）

アルバート・アインシュタイン
（ドイツ、1879-1955）

絶対性と相対性

ニュートンの古典力学

時間と空間の刻みは観測者によらず一定であり、
絶対時間と絶対空間が存在します。

著書「自然哲学の数学的諸原理」（1687年）

アインシュタインの相対論力学

時間と空間の刻みは絶対的ではなく、
観測者により異なり相対的です。

論文「運動している物体の電気力学」（1905年）

用語解説

ガリレイからニュートンへ：力学の基礎としての地動説を提唱したイタリアのガリレオ・ガリレイ（1564-1642）の逝去の年に、ニュートンは誕生しています。
マックスウェルからアインシュタインへ：相対性理論の基礎としての電磁気学を確立したイギリスのジェームス・クラーク・マックスウェル（1831-1879）の逝去の年に、アインシュタインが誕生しています。

2 エーテルの中での光の伝播は？

天空の神の物質エーテル

物はどのようになぜ運動するのでしょうか？中世では、古代ギリシャのアリストテレス（BC384年〜BC322年）からの物質観と運動論が、中世神学の理念とも関連し、長い間信じられていました。

私たちの地上界では物質は「風、火、水、土」の4つの元素から構成されており、それらが「愛」と「憎」とにより結合と離散を繰り返すとしました。元素の運動は「土」と「水」は下方へ、「火」と「風」は上方へと動き、地上界では上下の直線運動により支配されていると考えられていました（上図）。これは、古代ギリシャのエンペドクレス（BC490年頃〜BC430年頃）による4元素説を踏襲したものでした。

一方、神の住む天上界は第5の物質「エーテル」で満たされていて、天体は悠久不滅で美しい真円運動を描き、地上の人間界の上下運動とは異なる神聖な動きであるとされてきました。アリストテレスは真空を認めず、常に物質で満たされているとしたのです。

エーテルとは古代ギリシャ語を起源として「輝くもの」「天空のもの」を意味し、全宇宙を満たす希薄な物質を示しており、ニュートン力学では絶対静止座標がこのエーテルにより定められると考えられていました。水の波は水面を伝わり、音波が空気中を伝わるように、光が伝わる物質がエーテルである、としたのです。1800年代後半には、マイケルソンとモーリーによる実験4によりエーテルの存在が否定され、アインシュタインの相対性理論により明確化されました。ニュートンは、天界の運動のケプラーの法則と、地界の様々な運動のガリレイの法則とを統合して、運動の3法則と万有引力の法則との古典力学を完成しました。一方、電磁気学はマックスウェルにより体系化され、電磁波の速度が光速で一定であることが示唆され、アインシュタインの特殊相対性理論が構築され、重力を含めた一般相対性理論へと発展しました（下図）。

要点BOX
- ●ケプラーとガリレイからニュートンの古典力学
- ●光速一定の電磁気学から、アインシュタインの特殊および一般相対性理論へと発展

アリストテレスの力学観（神学）

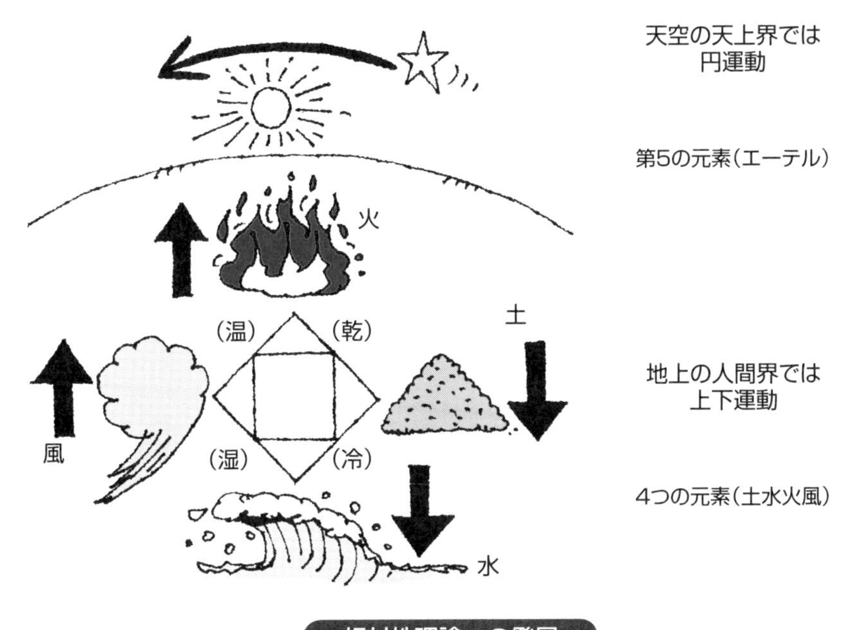

相対性理論への発展

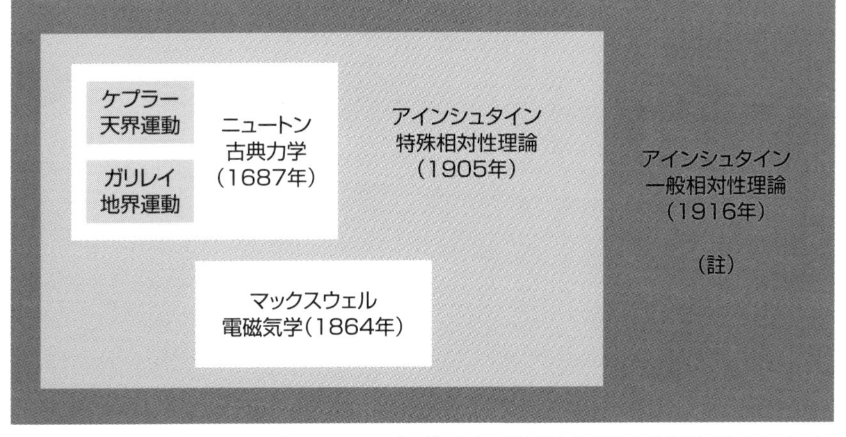

（註）「現代物理学」は、20世紀初頭からの、不確定性原理の量子論を基礎とした物理学です。したがって、相対性理論は「古典物理学」に区分される場合がありますが、時空の歪みを論じた一般相対性理論は、現代物理学に分類されのが一般的です。

用語解説

エーテル：光や電磁波などが伝わるための仮想媒質。かつては全宇宙空間を満たしていると考えられていましたが、アインシュタインの相対性理論の成立によって否定されました。

3 光の速さを測定する？

レーマー、ブラッドリー、フィゾー

17世紀にはガリレオ・ガリレイは、落体の法則、慣性の法則、振り子の等時性など、さまざまな物理現象を明らかにしてきました。大砲の音と手旗信号を利用して音の伝わる速さを測定したとされています。光の測定でも、夜間にランタンの光の窓の開閉で遠方への光の往復速度の測定を試みたとされています。しかし、このガリレイの方法では測定は困難でした。17世紀後半にはデンマークの数学者で天文学者のオーレ・レーマーが木星の衛星イオの食(木星の陰に衛星が隠れること)の現象を利用して光速を測定しています。衛星の食は周期的のはずですが、地球が木星に近いとき(衝)と遠いとき(合)では光の到達時間が異なることから、光の速さを毎秒21万キロメートルとしました(上図)。

18世紀には、イギリスの天文学者ジェームズ・ブラッドリーにより、恒星からの光行差(地球が動いているので天頂からの光も斜め前方からくるように見える現象)を用いて光速を測定しています(中図)。公転運動からくる年周光行差を春夏秋冬にわたり観測して、現在の値とほぼ同じ30万キロメートル毎秒の値を得ています。

19世紀には、高速回転の歯車や鏡を用いた精密な機器により、地上での測定に成功しています。フランスの物理学者アルマン・フィゾーは、光源から出た光を半透明鏡で斜めに反射し、歯車を通して反射鏡で反射させ、再び歯車を通し半透明鏡を通過させた光を観測しました。歯車を速く回すことで、光源から出発した光は往復して次の歯車で遮られてしまいます(下図)。歯車の回転数から光の速度が得られています。１９８３年以降では、真空中の光の速度は毎秒29万９７９２・４５８キロメートルの９桁で定義されています。これは、レーザー光の波長と周波数を精密に計測して掛け算で求められ、定義された値です。

●レーマーの実験：木星の衛星の食の利用
●ブラッドリーの実験：年周光行差の利用
●フィゾーの実験：高速回転の歯車利用

レーマーの実験（1678年）　光速　21.3万km/s

地球から見て惑星が太陽と同じ向きに一直線になる場合が「合」で、逆が「衝」。

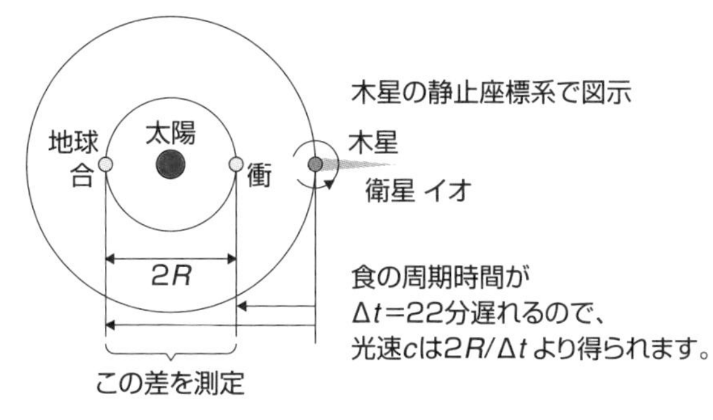

ブラッドリーの実験（1729年）　光速　30.1万km/s

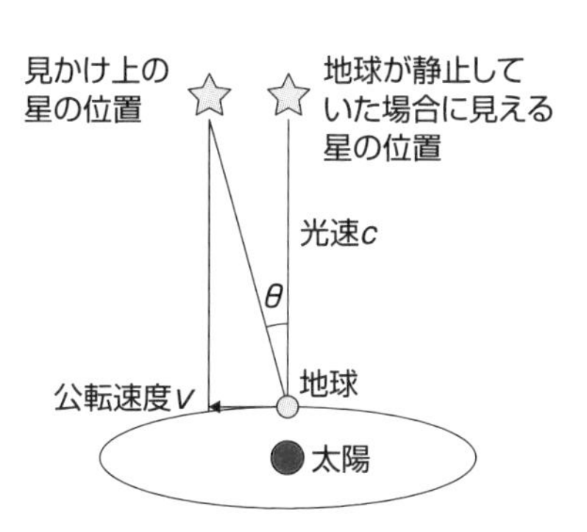

地動説の実証実験にもなっています。

年周光行差

地球の公転速度vは毎秒30kmであり、角度θはv/cなので、測定角度値20.5秒から光速cが得られます。

（参考）地球の自転速度は毎秒0.5km以下で公転速度の60分の1です。

フィゾーの実験（1849年）　光速　31.3万km/s

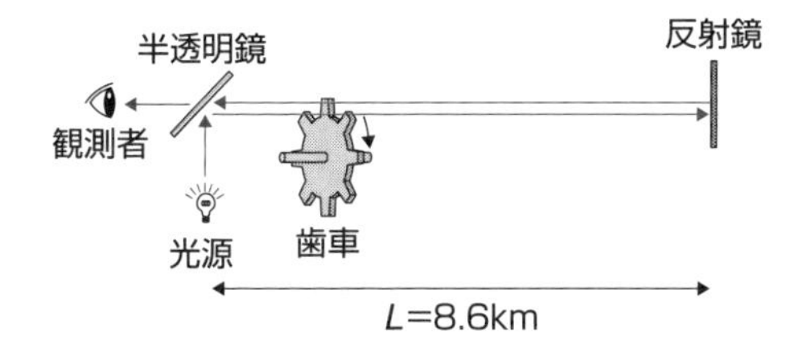

歯の凹部の周期は　$1/2Nf$

$N=720$：歯車数

$f=12.6/\mathrm{s}$：回転数（測定値）

光の往復時間から、

光速　$c=4NfL$　が得られます。

用語解説

光行差：光源に対して運動している観測者にとって、光の方向がずれる現象。走っている人にとって、斜め方向からの雨が降ってくる現象に類似。

4 光速不変は本当か？

フィゾー、マイケルソン=モーリー、ド・ジッター

宇宙は絶対静止している物質「エーテル」に満たされており、このエーテルを媒体として伝わる横波が光であると考えられていました。地球の公転速度は毎秒30キロメートルであり、地表での自転は毎秒500メートルなので公転速度の60分の1です。したがって、地球は光速の1万分の1の毎秒30キロメートルのエーテルの風を受けていると考えられていました。

そもそも、媒質の流れの向きによって光の速度が異なるかどうかの実験として、1851年にフィゾーが水流中の光速の測定を行っています(上図)。水流はあまり速度を上げることができませんが、光の速度の千万分の1でも干渉縞の変化を読みとる精度がありました。流水の効果の実験値は予想値の半分以下でした。

フィゾーの実験を受けて、エーテルの風に関連する実験が1887年に米国の物理学者マイケルソンと助手のモーリーによりなされました。エーテルの風は一方向なので、風の方向に往復運動する光と風を横切る光とを比較することで、違いがわかることになります(中図)。エーテルが地球とともに動いている場合(地球から見てエーテルが静止している場合)と比較して、エーテルの風方向ではある値γ(ガンマ)の2乗倍だけ遅れ、横切る場合には風向きの斜め方向に進むので、一定値γ倍だけ遅れることが予想されていました。2つの時間の比はγとなるので、検出に必要な精度は近似的に1億分の1の半分の値となります。これを光の干渉を利用して測定するために、直径3メートルほどの大理石の上に設置し、水銀の上に浮かせて回転させることのできる精密な光学装置が用いられ、考えられるエーテルの風の向きに依存しないことが確認されました。

20世紀に入ってからは、オランダのド・ジッターが2重星の運動の観測から、光源の動きによらず光の速度が不変であることが実証されています(下図)。

●フィゾー：高速水流の向きの効果
●マイケルソン=モーリー：地球の運動方向
●ド・ジッター：2重星としての光源の運動

フィゾーの水流中の光速測定（1851 年）

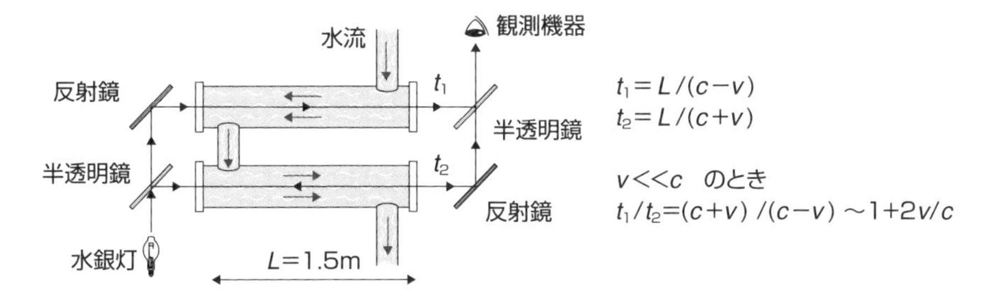

マイケルソン＝モーレーの実験（1887 年）

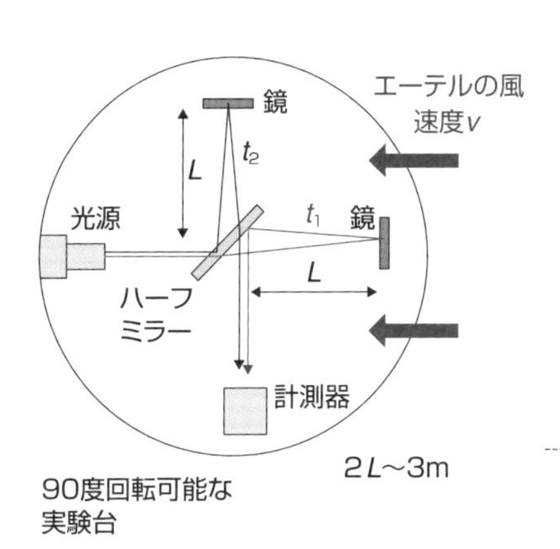

2方向の光を再び重ね合わせて、
波動の性質を用いてタイミングの
ずれを測ります。

$t_1 = L/(c-v) + L/(c+v) = 2L\gamma^2/c$
$t_2 = 2L/(c-v)^{1/2} = 2L\gamma/c$
$\gamma = 1/[1-(v/c)^2]^{1/2}$

$v \ll c$　のとき
$t_1/t_2 = \gamma \sim 1 + (1/2)(v/c)^2$

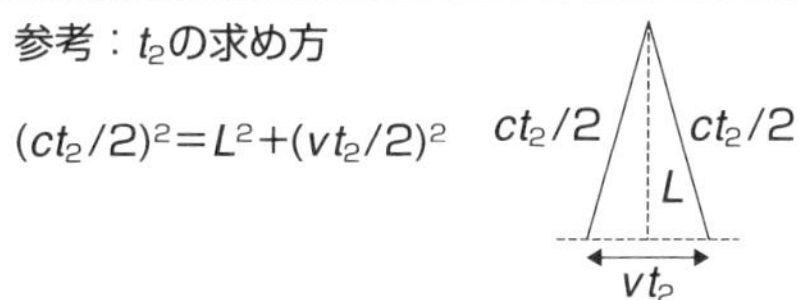

ド・ジッターの提案（1913 年）

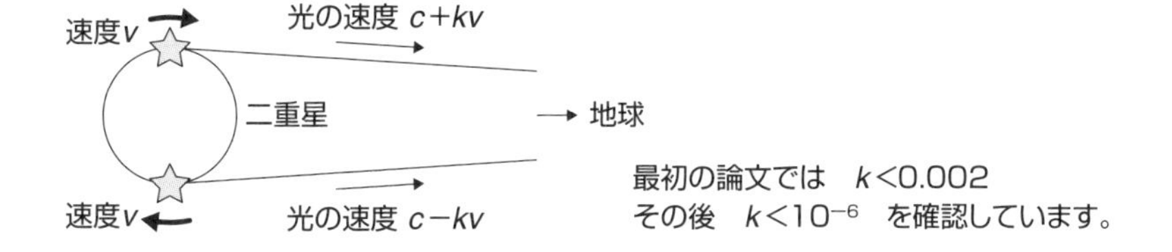

5 電磁波の速度は一定である！

マックスウェルの方程式

水面に浮かんだボールを上下に振動させることで、水面に波が生まれ、波は外に向かって伝わります（上図）。同様に、電場（電界）または磁場（磁界）を変化させると、そこから波（電磁波）が生まれ、外に向かって伝わっていきます。これは、1864年に英国のジェームズ・クラーク・マックスウェルによりまとめあげられた電場と磁場に関する4つの方程式（マックスウェル方の程式）から予言されていました。

波は振幅uの時間変化率 $\Delta u/\Delta t$ のさらなる時間変化率 $\Delta^2 u/\Delta t^2$ が空間変化率（勾配）$\Delta u/\Delta x$ のさらなる空間変化率 $\Delta^2 u/\Delta x^2$ に比例する方程式（波動方程式）で表されます。その比例係数が波の速度の2乗の値です。電場及び磁場の振幅はともに光の速度で伝わる波動方程式で表されることが示されたのです。この波の存在は1888年にドイツのハインリヒ・ヘルツにより実証されました。

1本の導線に電流が流れると、そのまわりに磁場（磁界）が発生します。交流電源をつないで電流の向きを交互に変化させて振動させると、磁界が変化すると同時に電場（電界）が生まれます。さらに、その電場の変動により磁場が生まれます。このように連鎖して伝わる波が電磁波です（下図）。光と同じ速さ（秒速30万キロメートル）で進みます。また逆に、導体が電磁波中に存在すると、振動する電場と磁場の働きにより、その導体には電流（誘導電流）が生じます。これにより電磁波を受信することができます。これが電磁波のアンテナの原理です。

光も電場と磁場との振動による電磁波であり、典型的な緑色の光の場合には、波の周期的な長さ（波長）はおよそ500ナノメートル（1ミリメートルの2千分の1）であり、単位時間当たりの振動の回数（周波数）は600テラヘルツ（1秒間に6百兆回）です。波長と周波数との積が波の速度であり、すべての電磁波で一定なのです。

要点BOX

- ●電磁波はマックスウェルが予言、ヘルツが実証
- ●電磁波の伝播速度は一定で、光の速度に等しい
- ●可視光は1秒間におよそ数百兆回振動する波

水面波と電磁波の比較

●水面の波の発生と伝搬

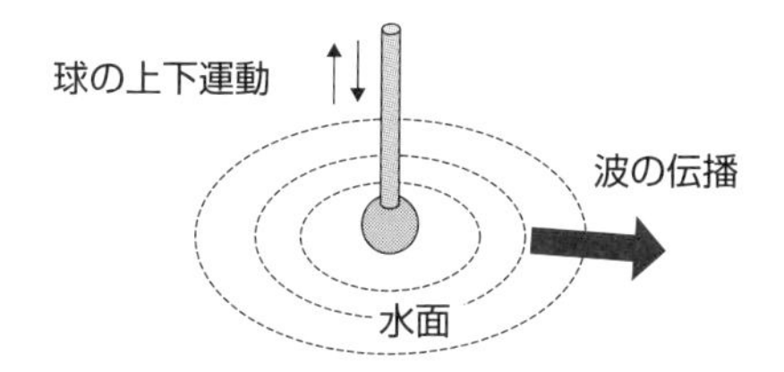

水面上のボールを上下させることで、
水面上の波が発生し伝播します。

●電磁波の発生と伝播

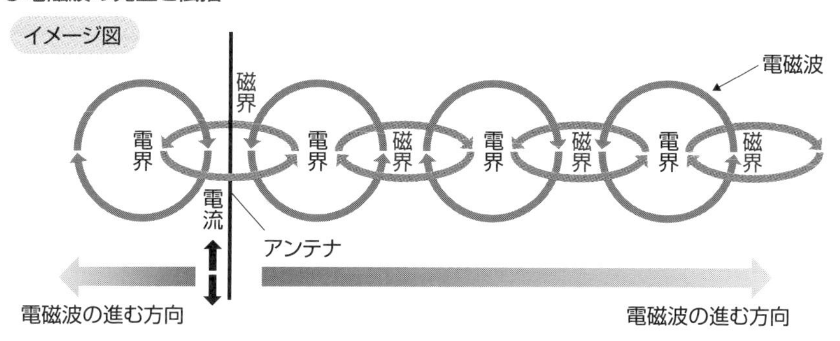

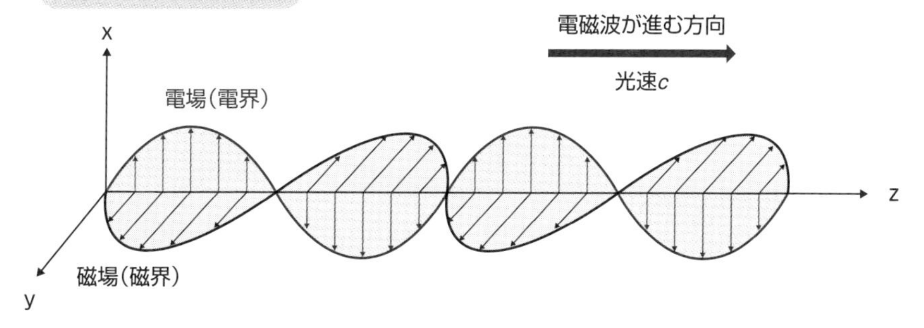

導体の電流を振動させることで振動磁界が生じ、その磁界が電界を生み、
さらに磁界を生み出して、電磁波が伝播します。

用語解説

マックスウェル方程式：古典電磁気学の基礎方程式であり、電荷密度と電流密度から電場と磁場とを定める４つの式で構成されています。

6 電荷の動きと電磁場のパラドックス？

ローレンツ力のパラドックス

正の電荷の周りには放射状に電場が発生しています。その電荷が動くと(電流が流れると)、電流を取り巻くように同心円状の磁場が発生します。通常の電線の内部では、正の電荷(原子核)は止まっており、負の電子が動くことで電流が流れますが、全体で中性なので、電荷による外部への電場は発生しません。

図のように、電流 I ($I=\sigma v$、線電荷密度 σ、電子の速度 v)が流れている導線があり、導線の周りに磁場 B が生じていたとします。そこに電荷 q の荷電粒子を置いた場合は、この荷電粒子には磁場からの電磁力(ローレンツ力)は働きません(上段の図)。一方、速度 v で導体内電子と同じ方向に動いている人から見ると、電子は止まって見えますが、正電荷の原子核が速度 v で逆に動いてみえ、電流が流れており、磁場が発生しています。この磁場によりローレンツ力 $v\times B$ が働きます。静止系では外部荷電粒子に働く力はゼロですが、運動している座標系からは荷電粒子に加わる力はゼロではなくなります(中段の図)。したがって、静止した人と運動している人とで矛盾してしまいます。

以上の「ローレンツ力のパラドックス」を理解するためには、特殊相対性理論が必要となります。物体が等速直線運動をしている場合には、相対的に運動方向に物体が縮んで見えます(ローレンツ収縮16)。運動系から見ると、正電荷は運動しているので静止系に比べて縮んで見え密度が高くなり、静止系で運動していた電子は静止しているので伸びて見え負電荷の密度が低くなり、導線に対して半径方向の外向きの電場 E' が観測されることになります(下段の図)。

外部荷電粒子に加わる力は、この電場 E' による電気力 qE' と磁場 B' による磁気力 $v\times B'$ とが相殺されて、静止系と同じように、力がゼロになります。

要点BOX
- 導線内電子と同速度で動く場合のパラドックス
- 特殊相対性理論によりローレンツ収縮で電荷密度が変化し、電気力と磁気力が釣り合う

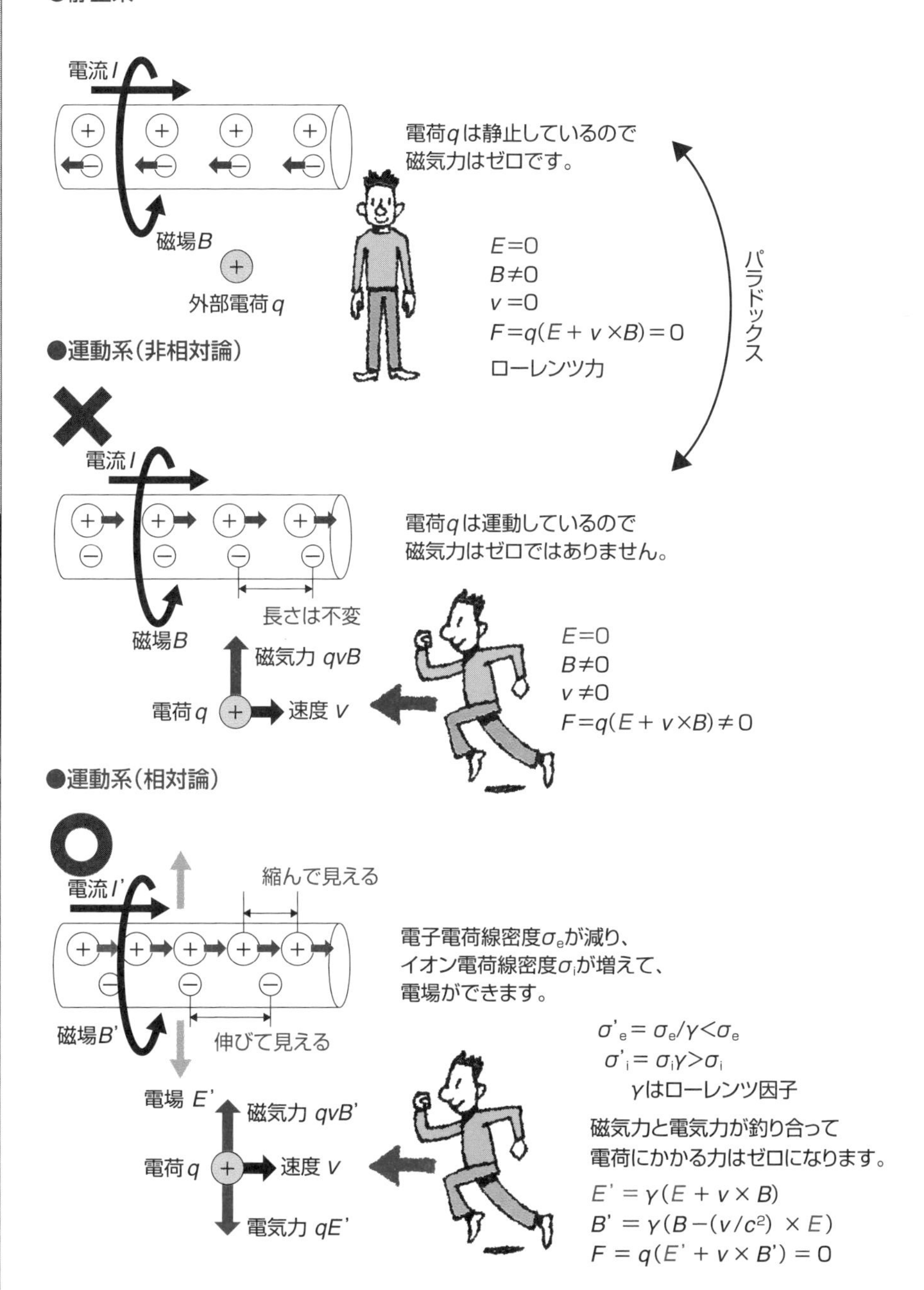
電磁場のパラドックス
●静止系
電流 I
磁場 B
外部電荷 q
電荷qは静止しているので
磁気力はゼロです。
E=0
B≠0
v=0
F=q(E+v×B)=0
ローレンツ力
パラドックス
●運動系（非相対論）
電流 I
磁場 B
長さは不変
磁気力 qvB
電荷 q
速度 v
電荷qは運動しているので
磁気力はゼロではありません。
E=0
B≠0
v≠0
F=q(E+v×B)≠0
●運動系（相対論）
電流 I'
縮んで見える
磁場 B'
伸びて見える
電場 E'
磁気力 qvB'
電荷 q
速度 v
電気力 qE'
電子電荷線密度σeが減り、
イオン電荷線密度σiが増えて、
電場ができます。
σ'e=σe/γ<σe
σ'i=σiγ>σi
γはローレンツ因子
磁気力と電気力が釣り合って
電荷にかかる力はゼロになります。
E'=γ(E+v×B)
B'=γ(B−(v/c2)×E)
F=q(E'+v×B')=0

Column

タイムマシンを造る?

タイムトラベル映画①「タイムマシン」（1959年、2002年）

タイムトラベル（時間旅行）は、多くのSF小説や映画のテーマとして扱われてきました。最も有名なSF小説は、1895年のイギリスのH・G・ウェルズによる「タイムマシン」です。アインシュタインの相対性理論の発表の10年前ですが、時間旅行のための乗り物を構想した画期的な小説でした。

映画化は1959年になされ、2002年にリメイク版が作成されています。リメイク版では、舞台をロンドンから1890年代のニューヨークに変え、大学教授アレクサンダーが、最愛の恋人エマを生き返らすために、4年の歳月を費やしてタイムマシンを完成させ、過去に戻る設定です。しかし、なぜかエマは別の事故に巻き込まれて死亡してしまい、過去を変えることができません。その答えを探しに未来に飛び立つことになります。2030年には人類は月に移住しており、月面の大規模破壊の影響で地球の破壊も招いてしまいます。

映画「タイムマシン」では、年月日をセットすると、高速回転エネルギー（？）で時間旅行できる乗り物であり、「バック・トゥ・ザ・フューチャー」の高速スーパーカー・デロリアンや「ターミネーター」の時間転送装置のような機械が想定されています。

時間旅行するためには、特殊相対性理論での膨大な運動エネルギーの利用や、一般相対性理論でのワームホール57の利用も夢想されています。理論上は時間の進みを遅らせ、未来に旅することができますが、過去に戻ることはタイムパラドックスから困難（時間順序保護仮説56）であるとも考えられています。

おとぎ話としての「浦島太郎」は日本書紀や万葉集にも記載がありますが、このウラシマ効果15こそ空想の未来へのタイムトラベルの原点です。

映画に登場するタイムマシン

「タイムマシン」
原題:The Time Machine
原作:H.G.ウェルズ（1895年）
製作:2002年　米国
（1959年のリメイク版）
監督:サイモン・ウェルズ
主演:ガイ・ピアース
配給:ワーナー・ブラザーズ

第 2 章

物質と時空の概念の進展

7 ピサの斜塔の実験は等価原理の検証？

振り子の等時性と落体の法則

医学生であった若かりしガリレオ・ガリレイは、ピサの大聖堂のミサに参列して、天井からつり下がっているシャンデリアのゆれの周期が、振幅がしだいに小さくなっても短くならず一定であることに気がつきます。また、振り子のひもの長さが同じであれば、軽いおもりでも重いおもりでも、周期は同じであることを発見します(上図)。これは「振り子の等時性」と呼ばれ、その詳細な動力学解析には、後年ニュートンの微分積分学が用いられてきました。

ピサの斜塔で行われた軽い石と重い石との落下の比較実験は、「落体の法則」として有名な逸話です。重い石も軽い石も同じ速さで落下することを示したとされています(下図左側)。これは当時の常識に反する考えであり、重いものが速く落ちると考えるアリストテレス学派の学説が正しいと考えられてきました。

ガリレイはアリストテレス学派の間違いを、以下のように指摘しています(下図右側)。重い石が速く落ちるとすると、重い石と軽い石とを糸でつなぐとどうなるでしょうか？　軽い石はゆっくり落ちるので、糸でつないだボールは1個の重い石よりもゆっくり落ちるとも考えられますし、他方、石はさらに重くなるので、もっと早く落ちるのではと考えることもでき、矛盾が生じます(下図右側)。落下は質量によらずに同時に着地するのです。

慣性力は慣性質量m_Iと加速度aとの積で与えられ、重力は、万有引力の法則から比例係数を重力加速度g(9・8メートル毎平方秒)として、物体の重力質量m_Gに比例します。慣性質量と重力質量とが比例関係にあれば、ガリレオの振り子の等時性や落体の法則が説明できることになります。これは次項に述べる一般相対性理論の弱い「等価原理」に相当します。より明確な実験はエトヴェシュによりなされ8、星の赤方偏移からも実証されました30。

要点BOX
- ●ガリレイの振り子の等時性や落体の法則は、等価原理の間接的な検証
- ●慣性質量と重力質量とが等価

振り子の等時性

●ニュートンの微分積分学で解析

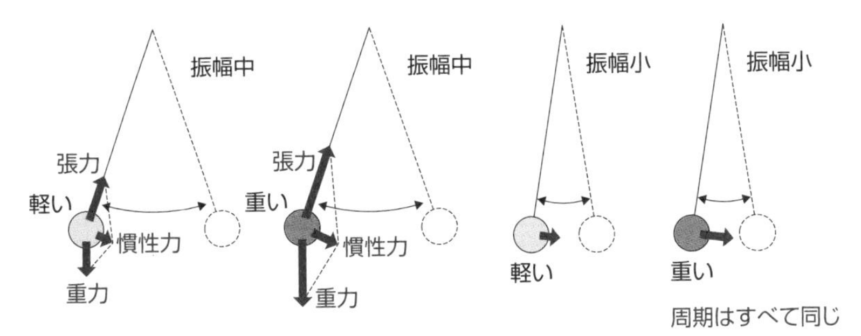

微小振幅振り子では、振り子の軽重、振幅の大小によらず、
周期は一定です。(大振幅では補正が必要)

落体の法則

●アインシュタインの等価原理へ発展

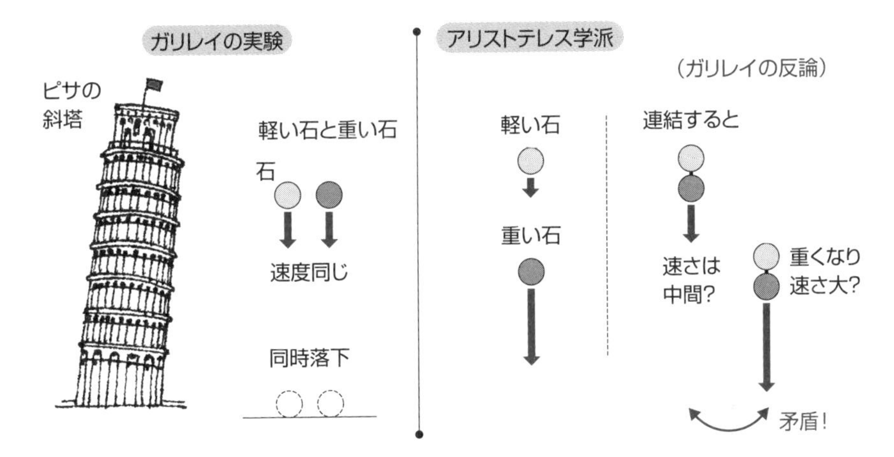

等価原理(弱い等価原理:慣性質量は重力質量に比例)に相当します。

$$\text{慣性力}\quad m_I\alpha = m_G g \quad \text{重力}$$

用語解説

ニュートンの運動の法則:
第1法則:慣性の法則(力が働いてないとき、静止または等速直線運動)
第2法則:力、質量、加速度に関する運動方程式(力学エネルギー保存の法則に相当)
第3法則:作用反作用の法則(運動量保存の法則に相当)

8 慣性質量と重力質量との違いは？

エトヴェシュの実験（1896年）

　ニュートンの古典力学における「力」には、ニュートンの運動の第2法則（運動方程式）で定義される「慣性力」と、万有引力の法則から定められる「万有引力（重力）」とがあります。

　慣性力は「慣性質量」と加速度（速度の変化率）との積で与えられ、重力は「重力質量」と重力加速度との積で与えられます（上図）。

　慣性力と重力とが等価である（どちらが加わっているか区別できない）との考えが、一般相対性理論の基本原理であり、アインシュタインの「等価原理」と呼ばれています（中図）。

　慣性質量と重力質量とは異なる概念ですが、両者が等しいか比例関係にあれば、ガリレオの振り子の等時性や、質量の大小に関連しない落体の法則が説明できます。

　これは一般相対性理論の「等価原理」の弱い原理と考えることができます。

　この等価原理の高精度の検証は、1896年にハンガリーの物理学者エトヴェシュ・ロラーンドによりなされました。質量の異なる2個の物体を棒でつないで、水平になるようにつるします。各々の物体には重力質量に比例する重力と、慣性質量に比例する地球の自転による遠心力（円運動での見かけの慣性力）とが加わります。重力質量と慣性質量とが異なると仮定すると、棒は水平面内に回転するトルク（ねじる力）を受けることになります。精密なねじり秤によりトルクが検出されなかったことから、2つの質量が等しいことが証明されています。最終的には、慣性質量と重力質量が10億分の1の精度（10^{-9}）で一致することをが示されています。1980年代にはその精度はさらに1兆分の1（10^{-12}）に達しています。

　エトヴェシュが行ったこの実験は、一般相対性理論の仮定として用いられている「等価原理」の実験的検証のひとつと考えられています。

- ●重力と慣性力との等価が一般相対論の原理
- ●エトヴェシュの実験では、重力質量と慣性質量との等価性を高精度で検証

慣性力と重力

慣性力
　　$=$ 慣性質量$m_I \times$ 加速度α

万有引力（重力）
　　$=$ 重力定数$G \times$ 重力質量$m_G \times$ 重力質量$M_G \div$（物質間距離$R)^2$
　　$=$ 重力質量$m_G \times$ 重力加速度g

等価原理

アインシュタインの等価原理
　重力と慣性力とは等価で区別困難

等価原理の検証
　ガリレイのピサの斜塔の実験
　（落体の質量に依存せず同時に着地）
　エトヴェシュの実験
　（重力質量と慣性質量との比は高精度で一定）

エトヴェシュの実験（1896 年〜）

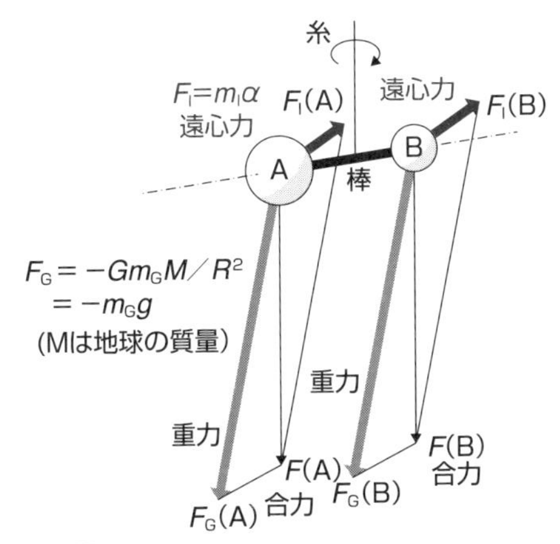

精密なねじれ秤を利用して
さまざまな異種の物体に対して
m_Gとm_Iとの比を測定します。

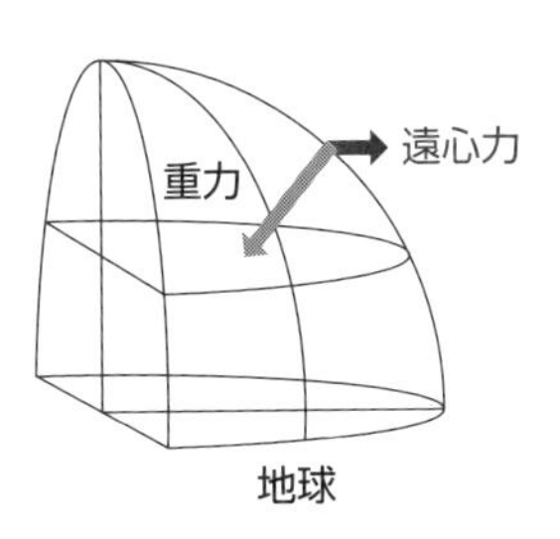

用語解説

等価原理：一様に働く重力と一様な加速度で動く座標系で働く慣性力とは同等であるという基本原理。あるいは、重力質量と慣性質量との比は一定という原理。アインシュタインの一般相対性理論の出発点となった基礎的法則です。

9 ガリレイの相対性原理の登場！

慣性の法則とガリレイ変換

外力が働いていない場合には、静止している物体はいつまでも静止し、動いている物体はいつまでも等速直線運動をします。これは「慣性の法則」と呼ばれ、ガリレイの慣性の法則をニュートンが運動の第一法則としてまとめた法則です。静止系も等速直線運動系もともに「慣性系」です。

ニュートンの古典力学での静止系と等速直線運動系との慣性系同士の座標変換は、「ガリレイ変換」と呼ばれています。静止系とx方向の運動系とは時刻ゼロで共に原点に一致しているとします。時間の進みと運動方向に垂直なy座標とz座標とは、慣性座標系同士で同じです。x座標だけは等速度Vで時間tの間に動く距離Vtの差が生じます（下図左側）。

慣性系で運動する物体の座標はガリレイ変換により変換可能であり、どの慣性系においてもニュートンの運動方程式が成り立つと考えられます。これは「ガリレイの相対性原理」と呼ばれ、この変換から、ニュートン力学での「速度の合成則」が得られます。

例えば、上図のように静水に止まっている船の上から、速度v'でボールを投げたとします。一方、水の流れがあり船が速度Vで動いて、この船の上から進行方向に速度v'でボールを投げるとします。橋の上の静止系から見たボールの速度は、ボールの速度v'と船の速度Vとの単純な和$v'+V$となります。

日常の運動はガリレイの相対性原理やニュートン力学で記述されます。しかし、高エネルギーの素粒子や宇宙線などのように速度が光の速さに近い場合や、カーナビで利用されているGPS（全地球測位システム）衛星などのように高い精度が必要な場合には、この日常的な原理と異なる法則（光速不変の法則）を用いる必要があります。ガリレオ変換のかわりにローレンツ変換が用いられ（下図右側）、相対論的な運動方程式が必要になってきます。これが慣性系におけるアインシュタインの特殊相対性理論なのです。

要点BOX

- ●静止を含めて等速運動する座標系は慣性系
- ●ガリレイの相対性原理から、光速不変のアインシュタインの相対性理論へ

慣性系の運動

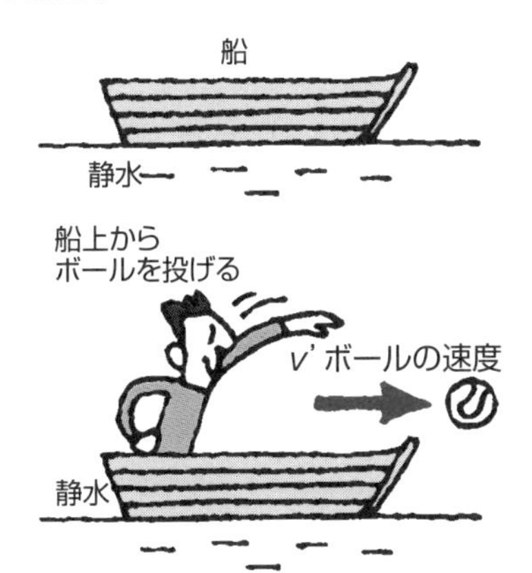

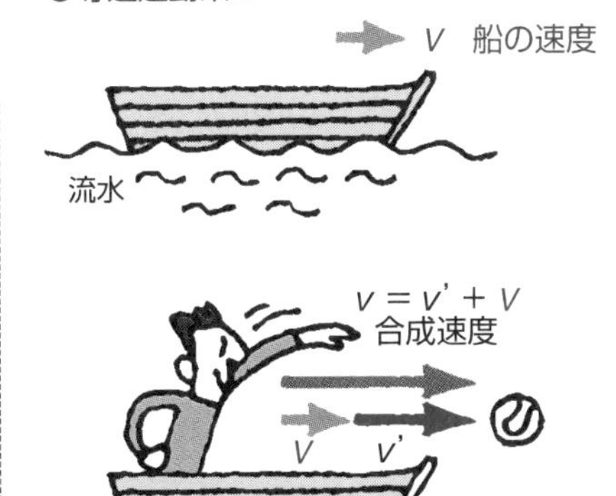

ガリレイ変換と速度合成則

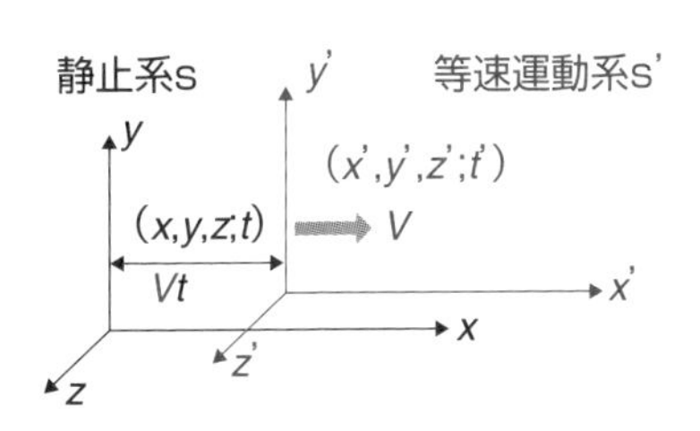

$t'=t=0$で
$x'=x$と仮定
各座標系での速度
$v=\Delta x/\Delta t$
$v'=\Delta x'/\Delta t'$

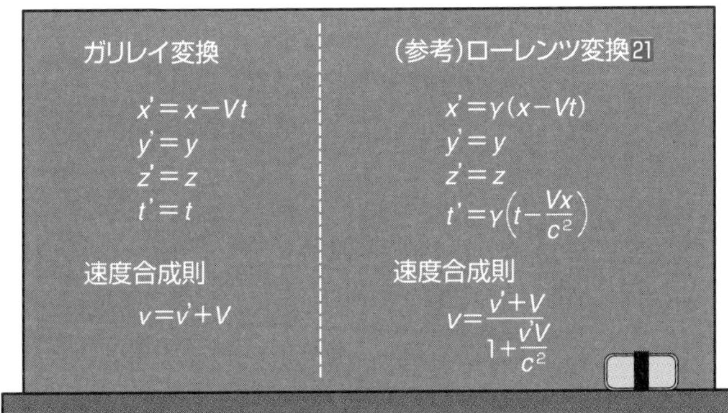

光速度：c
ローレンツ因子:

$$\gamma=\frac{1}{\sqrt{1-\left(\frac{V}{c}\right)^2}}$$

用語解説

慣性系：外力を受けずに、静止または等速直線運動をする座標系。慣性の法則が成り立ちます。

10 アインシュタインの相対性理論の登場!

光速不変の法則とローレンツ変換

アインシュタインは16歳のころ、『電磁波の伝わる速さで動いた場合に、電磁波は止まって見えるのだろうか?』との疑問を抱いたとされています。これはアインシュタインの自叙伝に書かれています。物を見ることは、乱反射した光や発光源からの光を見ることになりますが、光の速度で動くと、振り返っても後ろからの光は、本当に届かなくなるのでしょうか?

電場と磁場の周期的な振動から作られる電磁波の伝播速度は、真空中ではどの慣性系でも一定であり不変であることを述べました5。そこで、静止している風景と左から右へと伝播している電磁波(光)とを観測者が眺めている場面を考えます(上図左側)。その観測者が左から右へ光の速度で走ったとすると(上図右側)、風景や光は走っている観測者からどのように見えるのでしょうか?

ニュートンの古典力学に従えば、走っている観測者から見て、風景としての家屋は逆方向に光速で後ろ方向へ動き、光は止まって見えることになります(下図左側)。一方、マックスウェルの電磁気学の予想では、観測者がどのように動こうとも、光は常に左から右へと一定の速度で動いて見えるはずです(下図右側)。これでは両者が矛盾してしまいます。

上記のガリレオ変換の古典力学と光速一定の電磁気学との予測の矛盾を解決する新しい理論が、ローレンツ変換を含むアインシュタインの特殊相対性理論です。

新しい理論では、光の速度が真空中では秒速30万キロメートルで不変であることが、自然界で常に成り立つ原理であることを理解し、受け入れることが重要です。相対的に運動している座標系では、時間は共通ではなく、異なっている可能性があります。また、空間の座標も縮んで見えることがあります。この時間と空間の刻みは物質やエネルギーによってゆがめられているのです。

要点BOX

- ●ニュートン力学と電磁気学との矛盾をつなげる理論がアインシュタインの特殊相対性理論
- ●最大速度が光速となるローレンツ変換

相対性理論の必要性

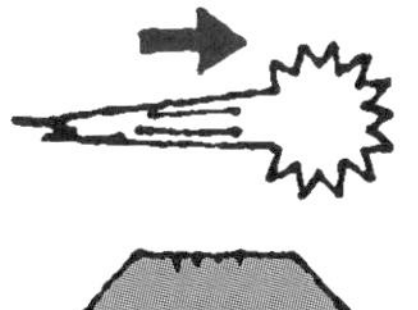

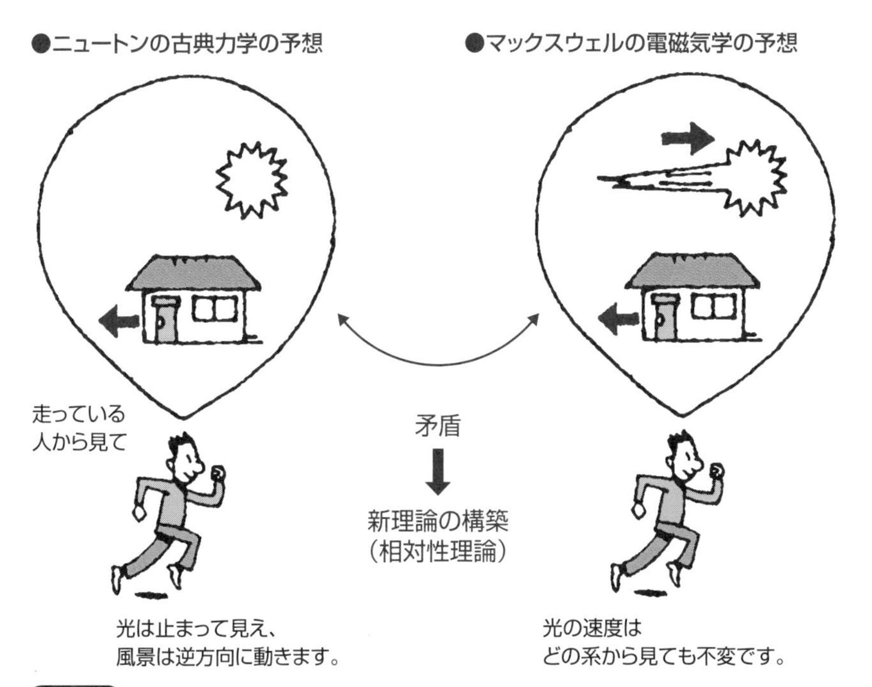

用語解説

光速不変の原理：どの観測者から見ても、真空中の光の速度は一定であるとの根本の法則です。相対性理論は、この原理をアプリオリ(先験的・超越的)に認めて構築されています。

11 時間の刻みは一定か？

時間は過去・現在・未来へと淀みなく流れています。

時間に始まりはあったのでしょうか？　古代の混沌からの天地創造や輪廻思想、さらには、キリスト教での終末思想など、神による時間の始まりと終わりが中世まで信じられてきました（図の上段）。

その後、17世紀後半でのニュートンの古典力学の確立により、時間の始まりと終わりの呪縛から解放されたかのように思われました。一様でお互いに独立な「絶対時間」と「絶対空間」を前提として、淀みなく流れる時間の概念が確立されました（図の中段）。

しかし、19世紀後半には光の速度が一定であることが認識されはじめ、宇宙全体で同じ時間が一様に流れているとの「絶対時間」の概念は破棄され、相対的時間と相対的空間の概念がアインシュタインにより打ち立てられました。また、ガモフのビッグバン理論により宇宙には始まりがあったと議論され、現在も宇宙が膨張中であることが、実験的に明らかとなりました。

宇宙の始まりの以前はどのようになっていたのでしょうか？　時間を遡っていくと、時間の最小単位である「プランク時間（10^{-43}秒）」以前は量子重力理論が支配的であったと考えられます。現在でも、無からの宇宙創成（ビレンケン説）や虚数時間の導入（ホーキング説）などにより、宇宙の始まりの探求が続けられています。

また、遠い未来においては、SF映画のようなタイムトラベルが可能になるかもしれません。私たちの宇宙の他に、もっと異なる宇宙があり、異なる時間が流れているかもしれません（図の下側）。

そもそも時間は実在するのかの哲学的な問題提起もなされています。イギリスの物理学者ジュリアン・バーバーのように、現在だけが存在するという「現在主義」に基づいて、『時間は人間の記憶の中にしかない』とのユニークな考えもあります。

要点BOX

- ●ニュートン力学では刻みが一定の絶対時間
- ●相対性理論では場所により異なる相対時間
- ●時間の始まりは量子重力理論に関連

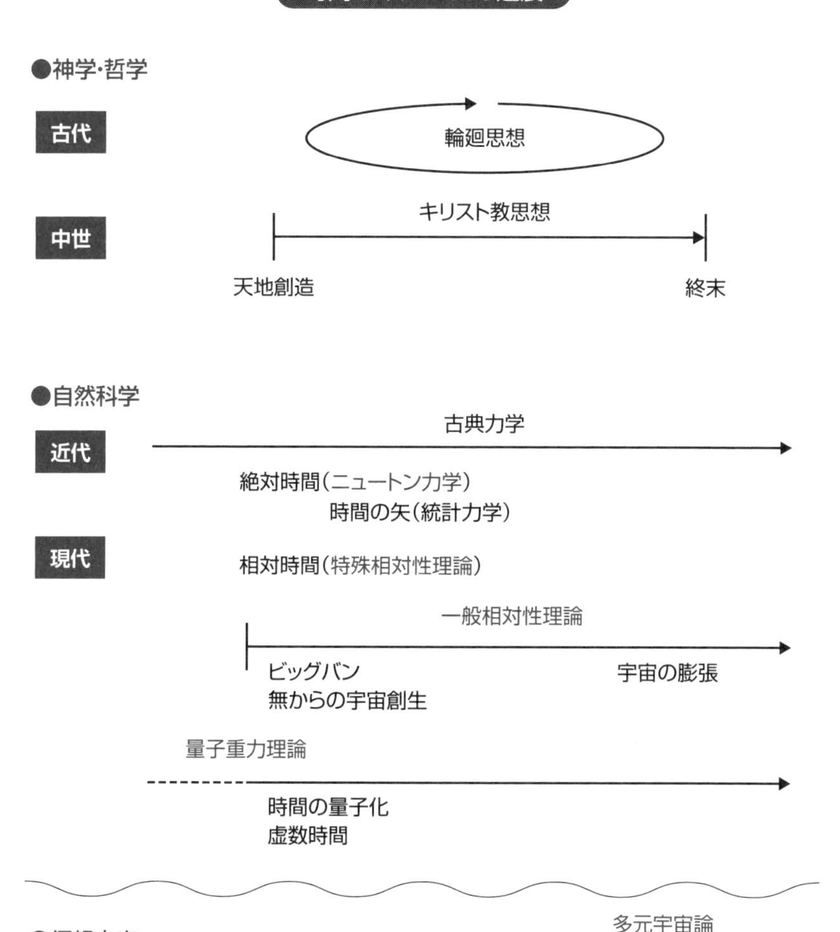

用語解説

虚数時間：量子力学では、古典論で理解不可能な運動が起こり得ます。その場合に、数学的にあたかも虚数(単位は2乗すると－1の数字)の時間に沿って現象が起こったと表現することができます。宇宙のはじまりを虚数時間で表す理論があります。

12 空間はどこまでも続く？

4次元時空から11次元膜宇宙へ

私たちの空間は3次元です。直交する座標（デカルト座標）を用いてニュートンの古典力学が定式化されてきました。

ニュートンの運動の第1法則としての慣性の法則は力が加わらない場合の慣性系の運動であり、第2法則は運動方程式で表され、力が加わった場合の加速度系の運動を記述しています。

数学では定理の上位に公理があります。その公理に相当する「万有引力の法則」も明らかにされてきましたが、万有引力が瞬時に伝わる遠隔作用なのか、あるいは、波のように伝わる近接作用（デカルト説）なのかの論争が行われてきました。

現代では、重力などの相互作用は瞬時ではなく光の速度で伝わり、特殊相対性理論により、時間と空間とがリンクする平坦な4次元時空（ミンコフスキー空間17）が理解されてきました。さらに、広大な宇宙を理解するのに、一般相対論により、質量の存在による曲がる空間（4次元リーマン空間）が考えられてきました。

また、ミクロで超高エネルギーの素粒子の世界を記述するために、余剰次元として6つの次元が私たちの4次元時空に巻き込まれているとして10次元空間を考え、一般相対論と量子論とを統合する「量子重力理論」や「超ひも理論」が構築されてきています。それらが宇宙の膜（ブレーン）につながった「膜宇宙」の11次元であるとの考えもあります。

宇宙空間の広がりは、中世では天界はエーテルに満たされた人知不可能な世界でしたが、20世紀初頭には一般相対性理論により宇宙の動力学が記述され、実験的事実としての「宇宙膨張」が明らかとなり47、私たちの観測できる宇宙（可視宇宙61）のさらに外側にも、膨張し続けている宇宙空間があると考えられています。宇宙の未来と果ては、依然として謎に満ちています。

●古典力学の3次元空間
●相対性理論による4次元時空
●量子重力理論と膜宇宙論

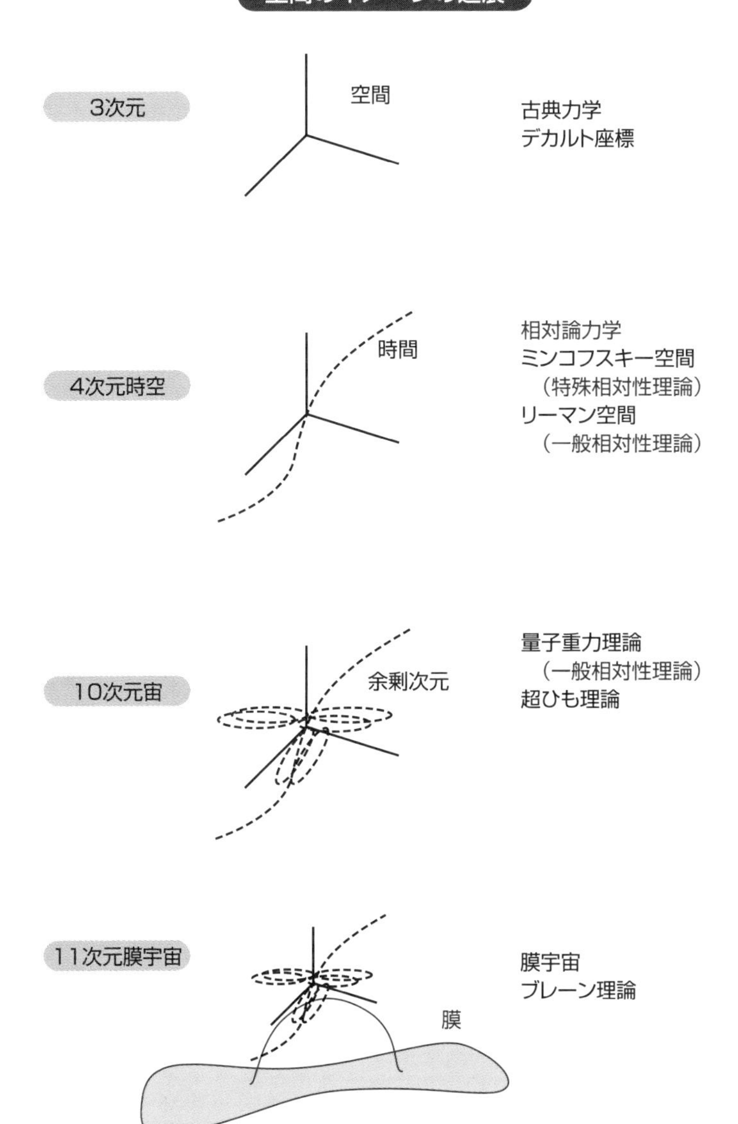

用語解説

膜宇宙：４次元時空の宇宙がより高次元の時空に埋め込まれている膜のような宇宙。超ひも理論（超粒子を含めたひも理論）の延長上に構築されています。

13 物質と力とはなんだろう？

自然界を記述する基本概念は、「長さ」で定義される空間と、そこに流れる「時間」、そして「質量」を有する物質の存在です。古典物理学では、物質とは『空間の一部を占め、一定の質量をもつ客観的存在』です。物質の究極の構成要素(元素)を基本粒子(素粒子)と呼びますが、現代の相対性理論では物質は「エネルギー」の一形態であり、場の量子論では基本粒子も「場」として扱われています。

古代から、『万物のアルケ(根源)は何か？』が問われてきていました。古代ギリシャでは、タレスの水、ヘラクレイトスの火などの1元素論や、エンペドクレスの4元素論などがあり、愛と憎しみの2つの相互作用で変化するとされていました。

物質同士の作用としての力は、重力、電磁力が明らかとなり、基本粒子として原子や分子が挙げられ、数十種から百種へとだんだんと増加していき、20世紀初頭には、核子(陽子と中性子)と電子が基本粒子と考えられ、量子力学と電磁気学・特殊相対性理論により解明が進められてきました。

現代では物質の基本粒子は、クォーク、レプトン、ゲージ粒子に分類されています。6種のクォーク(アップ、ダウン、チャーム、ストレンジ、トップ、ボトム)と6種のレプトン(電子、電子ニュートリノ、ミュー粒子、ミューニュートリノ、タウ粒子、タウニュートリノ)、基本的な力を伝える4種のゲージ粒子(光子、グルーオン、ウィークボソン、重力子)、そして、質量に関連するヒッグス粒子の17種で構成されていると考えられています。

これらの基本粒子の相互作用の力としての、強い力、弱い力の理解には、量子論、電磁気学、特殊相対性理論が応用され「標準理論」が構築されましたが、さらに量子論と一般相対論とを統合しての「量子重力」を解明するための様々な試みがなされています。

素粒子と標準理論

要点BOX
- ●物質はエネルギーの一形態で場として扱える
- ●クォーク、レプトン、交換子、ヒッグス粒子
- ●量子論と一般相対論の統合での量子重力理論

素粒子と力の進展

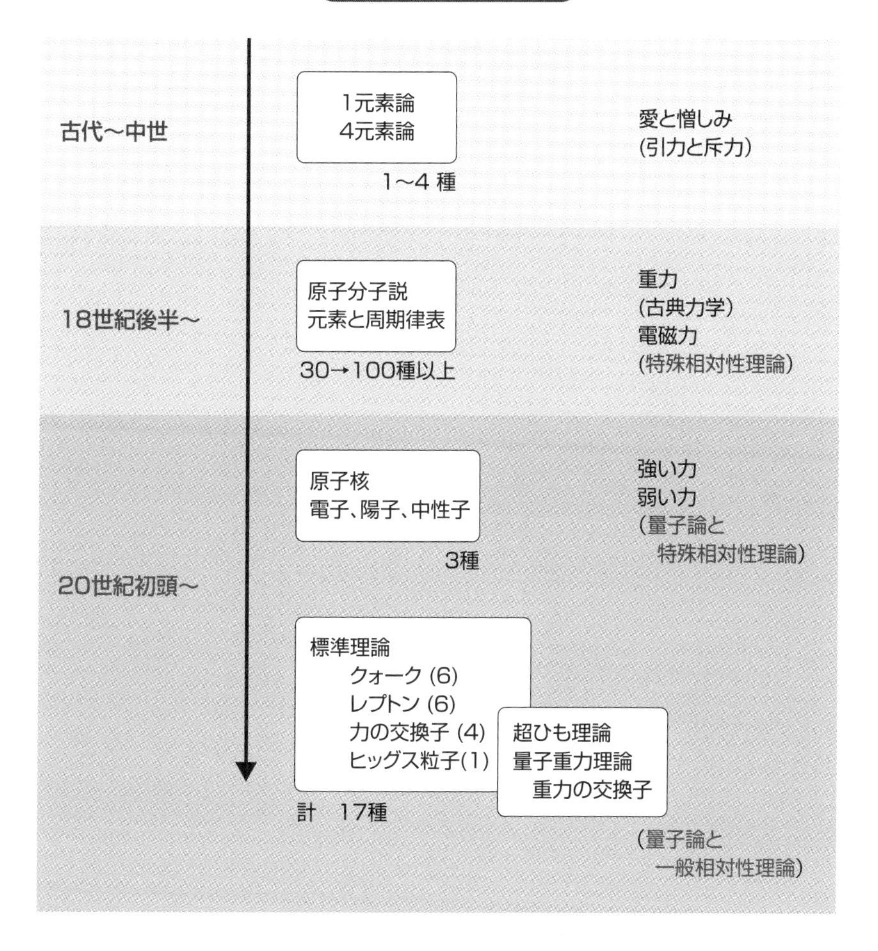

用語解説

素粒子物理の標準理論：強い力と電弱力(弱い力と電磁力)とを統一した理論。物質はクォーク、レプトンから構成され、そのあいだに働く力はゲージ粒子で媒介されるというモデル。17種の素粒子が想定されており、重力は標準理論では扱われていません。

Column

猿が世界を征服する?

タイムトラベル映画②「猿の惑星」(1968年〜)

チャールトン・ヘストン主演の不朽の名作「猿の惑星」は、フランスのピエール・ブールのSF小説を映画化したものです。最初のシリーズは1968年より5作あり、その後、2010年からは新シリーズなどが公開されてきました。猿と人間との戦いを通じて、人間社会の不条理さや、人間文明への絶望感が描かれています。

物語では、太陽系の調査がほぼ完成された近未来で、イカルス号の4人による人類初の恒星間飛行が行われることになります。1972年1月15日に打ち上げられ、船内時間で6か月間、地球時間で700年間の作業を終え、船長のテイラー(チャールトン・ヘストン)は自動操縦で地球への帰還を目指して眠りにつきます。この時の船内時間が1972年7月14日、地球時間が2673年3月23日です。しかし、コンピュータのトラブルで、地球時間の3978年11月25日(船内時間1973年6月16日)に宇宙船はとある惑星に不時着してしまいます。そこは、知能の進んだ猿(類人猿)が知的に劣った人類を支配する猿の星でした。様々な難を逃れて最後に発見したものは、倒壊した自由の女神でした。そこで初めて、この猿の惑星が数千年後の地球であることに気がつくのでした。

超光速宇宙船イカルス号は、船内時間1年半で、地球時間で2千年相当の超光速航行をしたとの想定です。単純計算では、ローレンツ因子15は1300ですが、高速物体の時間の遅れはお互い様であり、双子のパラドックス19を考えて、慣性系地球と加速を含む宇宙船との違いに留意する必要があります。

いつの日か、恒星間航行のできる宇宙船が開発されることを夢見たいと思います。

土に埋もれた自由の女神

「猿の惑星」
原題:Planet of the Apes
原作:ピエール・ブール(1895年)
製作:1968年　米国
監督:フランクリン・J・シャフナー
主演:チャールトン・ヘストン
配給:20世紀フォックス

第3章

特殊相対性理論の基礎

14 特殊相対性理論の原理は？

光速不変原理と特殊相対性原理

アインシュタインの相対性理論（相対論と略される場合があります）には、「特殊相対性理論」と「一般相対性理論」があります。なにが「特殊」で、なにが「一般」なのでしょうか？

物質の等速運動は観測者（座標系）により異なり、絶対静止系はないという意味で相対的ですが、物質に力が加わると加速度が生まれ、「加速度運動」として速度が変化します。特に、力や加速度が加わらない場合は、等速運動、あるいは、静止状態のままとなり、「慣性運動」と呼ばれます。特殊な場合である慣性系（慣性運動している座標系）に対する相対性理論が「特殊相対性理論」であり、重力や加速度を含む一般的な系での理論が「一般相対性理論」です。

特殊相対性理論は、光の速度は慣性座標系のとり方によらず不変であること（光速不変の原理）と、どの慣性座標系においても同じ物理法則がなりたつこと（特殊相対性の原理）の2つの基本原理をもとに構築されています。これまで、光の速度の測定実験と慣性系によらない光速不変の原理実証実験とが、いろいろとなされてきています（上図）。ガリレオ・ガリレイによるランタンの光の遮断による光の速度の計測の失敗（1638年）の後、ブラッドレーによる光行差による光の速度の測定（1725年）が、地動説の実証にもなりました3。宇宙に満たされていて、星とともに動いている第5の物質「エーテル」の流れにより、光の運動が定められているとする考えを打破たのは、マイケルソン＝モーリーの実験（1887年）でした4。

2つの原理から得られた特殊相対性理論の正しさは、さまざまな実験で検証されてきています（下図）。超高速での時間の遅れと長さの縮みの現象が衛星や宇宙線・加速器粒子実験で観測されました。質量とエネルギーとの等価性が得られ、原子炉や核融合炉での核エネルギーの利用につながっています。

要点BOX
- ●特殊相対性理論では慣性系で成り立つ
- ●一般相対性理論では重力を含めた加速度系
- ●特殊相対論では光速不変と相対性の原理

特殊相対性理論の「光速不変原理」の実証

光速測定 3

ガリレイの光速測定の失敗（1638年）

レーマーの木星の衛星の食（1676年）

フィゾーの回転歯車（1849年）

光速不変 4

フィゾーの水流中の光速測定（1851年）

マイケルソン=モーリーの実験（1887年）

ド・ジッターの2重星の観測（1913年）

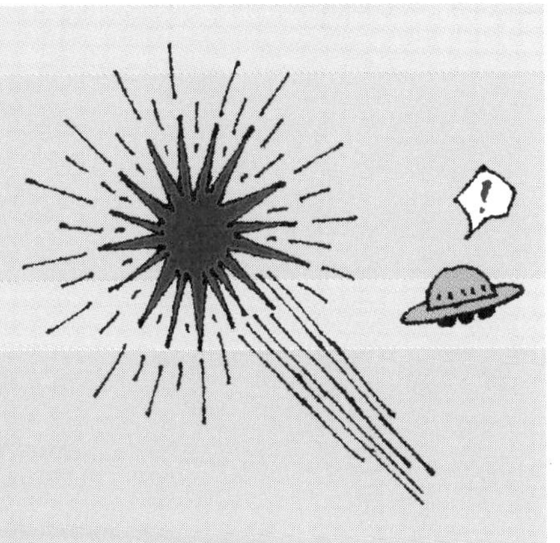

特殊相対性理論の検証例

超高速での時間遅れ

ミュー粒子の地上到達 23

加速器での発生パイ中間子を再衝突実験に利用

飛行機の東回りと西回り 25

サニャック効果（回転慣性系） 24

衛星と時間遅れ 43

GPSの補正（一般相対論を含む） 43

質量とエネルギーの等価

質量欠損とエネルギー発生（原子力、核融合） 26

加速器での粒子の振る舞い 27

放射光の発生 28

用語解説

特殊相対性原理：どのような慣性系においても，物理法則は同じ形であるとの根本的な法則。

15 なぜ時間がゆっくり進むのか？

時間の遅れとウラシマ効果

『動いていると、空間は縮み、時間の流れは遅れます。』これが、アインシュタインの考えた特殊相対性理論の結論です。古くから『時間と空間とは独立で、しかも一定の刻みで進み、空間の長さも変化しない』と、信じられてきましたが、アインシュタインがその考えを打破したのです。この相対的な時間の遅れは、いわゆる「ウラシマ効果」と呼ばれることもあります。

力が加わらず、静止している系や等速で一直線に動く系は「慣性系」と呼ばれます。静止している慣性座標系Sの地球の人と、速度Vで等速直線運動している慣性座標系S'の宇宙船内の人とを考えます。等速で動く座標系S'上で細長い高さLの部屋に下から速度cの光を入射したと考えた実験（「思考実験」と呼ばれます）を考えてみましょう（図参照）。静止系と運動系での時間の進み方の違いは、初等幾何学を用いて導くことができます。

時間の流れを比べるために、S上とS'上でおのおのの時間をtとt'とします。光の速度はS上でもS'上でも共に一定値cです。S'座標系では光は鉛直に進むので距離は$L=ct'$です。これをS座標系から見ると、鉛直方向の距離Lで水平方向の距離Vtの直角三角形の長い斜辺の距離を光が飛んだことになり、この距離がctです。三平方（ピタゴラス）の定理により、Lの2乗とVtの2乗の和がctの2乗と等しくなります。動いている人の時間t'と静止している人の時間tとの関係式として$t'= t/\gamma$が導かれます。ここでγ（ギリシャ文字のガンマ）は1以上の数であり、「ローレンツ因子」と呼ばれています。動いている系では、時間はゆっくり進む（$t'<t$）ことが示されます。物体の速度vと光の速度cとの比v/cが小さい場合には、時間の遅れの割合は、近似的に$(1/2)(v/c)^2$で与えられることになります。

要点BOX
- ●動いている系では、ローレンツ因子で割った分だけ時間が遅れる（ウラシマ効果）
- ●ローレンツ因子は静止で1、光速近くで無限大

慣性系での運動の相対性

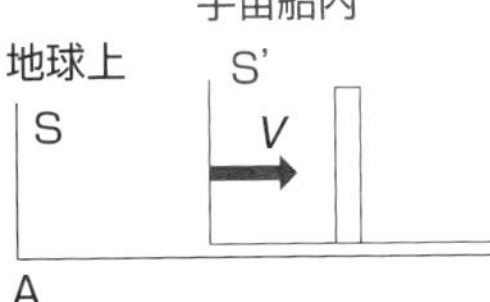

S'座標系(運動系)での時間と光路

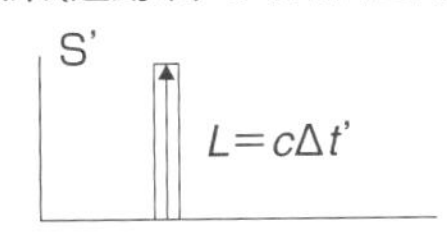

S座標系(静止系)での時間と光路

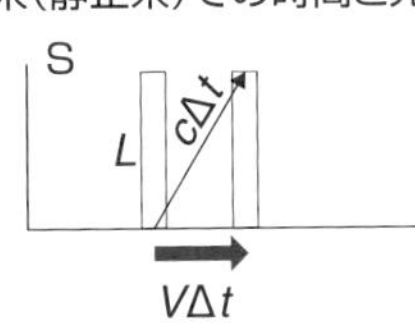

光速は慣性座標系に依存せず一定なので、動いてる系では時間はゆっくり進みます。

初等幾何学の定理から、ローレンツ因子γが得られます。

$$\gamma \equiv \frac{1}{\sqrt{1-\left(\frac{V}{c}\right)^2}}$$

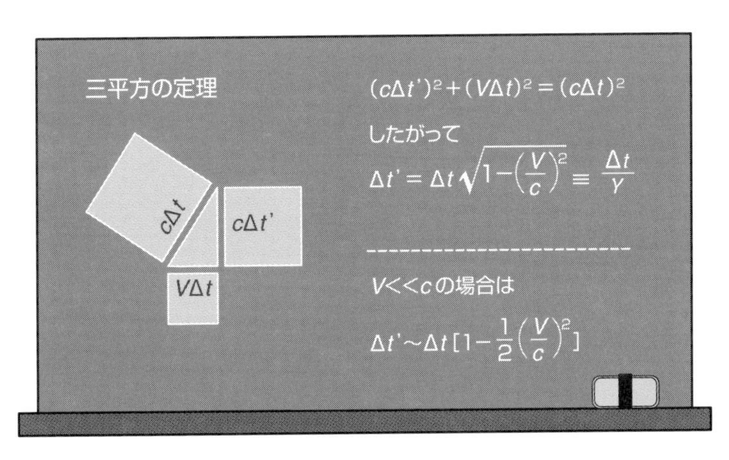

例えば、地上の時計(Δt)が1秒経ったとき、光速の80%($V/c = 0.8$)で動いている宇宙船の時計($\Delta t'$)では0.6秒しか経っていないことになります。

用語解説

ウラシマ効果：特殊相対性理論の予言による「動いている系では時間が遅れる」との効果を表しており、浦島太郎の童話から命名されています。

16 縮んで見えるのはお互い様？

ローレンツ収縮

地球から100光年の距離にある恒星には、光の速度で進む宇宙船は100年で到着しますが、『80才の寿命の人は寿命内に到達できるのでしょうか？』この問いに対する答えは、超高速で動く宇宙船の内部では時間がゆっくり進み、恒星に到達するのに100年もかからないこと、から得られます。

光速近くでの時間の遅れと距離について考えてみましょう。進行方向に微小長さΔLの箱を光が通過する場合、静止系で時間Δtだけかかるとして$\Delta L=c\Delta t$であり、運動系では経過時間は$\Delta t'$として見かけの微小長さは$\Delta L'=c\Delta t'$となります。時間の遅れ$\Delta t'/\Delta t=1/\gamma$（1以下）を考えて、運動系から見た長さの変化は$\Delta L'/\Delta L$で$\gamma$の逆数となり、$\Delta L'$は$\Delta L$より小さく収縮して見えるようになります。

光速に近い速度で進む宇宙船では時間の進みがローレンツ因子γ（ガンマ）の逆数倍となりゆっくり進むので、地球と恒星の距離もγの逆数となり縮まって見えてきます。したがって、宇宙船から見れば、地球や星は運動方向に対して縮まって細くなって見えることになります（図A）。この物体の収縮の仮説は1892年に提唱され、「ローレンツ＝フィッツジェラルド収縮」と呼ばれます。アインシュタインはこの仮説を物体自体の収縮というよりも、空間そのものが収縮すると考えました。

ここで、動いているか静止しているかはあくまでも相対的です。相手の人は自分から見て動いているので、お互いに『相手の時間が遅れている』と感じることになります。絶対的な基準によりどちらが遅れているかを決めることができません。どちらも正しくて、常に時間の遅れは相対的なのです。地球から見て宇宙船は動いているので、宇宙船は運動方向に縮まって見えることになります（図B）。距離の収縮は、時間の遅れと同様に相対的であり、全くお互い様なのです。

要点BOX

- ●静止系から運動系を見ると、運動系は時間がゆっくり進み、距離は運動方向に収縮
- ●ローレンツ収縮はお互い様

光速近くの速さのロケットの運動の相対性

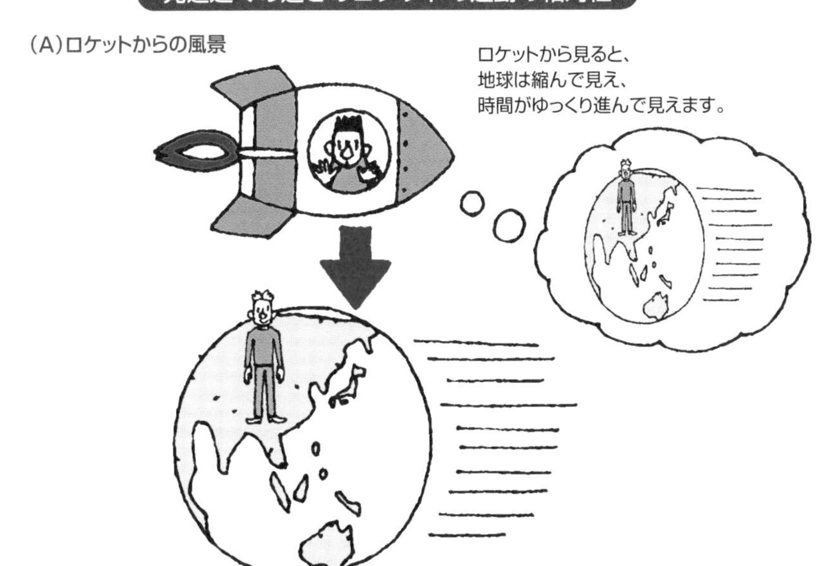

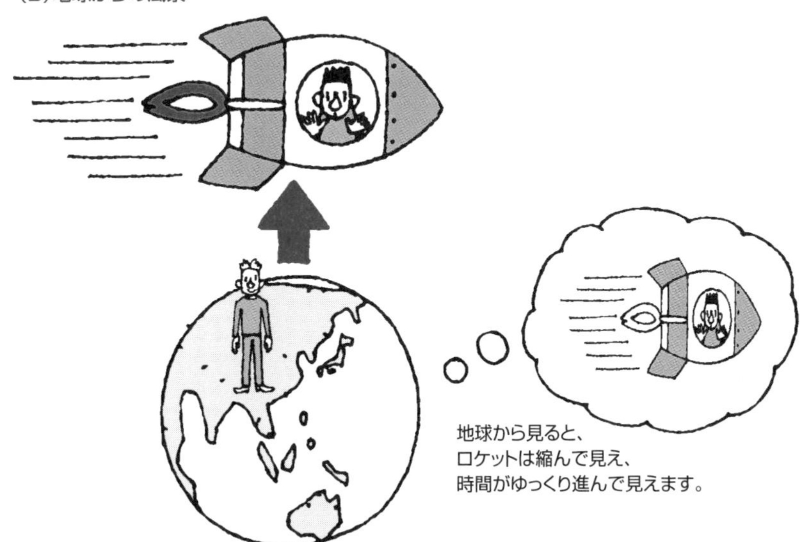

用語解説

ローレンツ＝フィッツジェラルド収縮：絶対静止系(エーテル)に対して、速度vで運動すると、光の速度をcとして、その方向に$\sqrt{1-(v/c)^2}$だけ収縮するという説。エーテルの存在は否定されたので、現在はアインシュタインの相対論に従い、ローレンツ収縮は相対的に考えます。

17 時空図の描き方は？

ミンコフスキー時空図

特殊相対性理論では、物質の運動は1次元の時間と3次元の空間の合計4次元の時空で表されます。この4次元空間は、ロシア生まれのユダヤ系ドイツ人数学者ヘルマン・ミンコフスキー（1864～1909）にちなんで「ミンコフスキー時空」と呼ばれます（上図）。通常の時空図であれば、例えば、横軸にkm、縦軸に時間をとり、車での移動で時速40kmなどの速度の線を描くことができます。ミンコフスキー時空図では、縦軸に年をとり横軸に光年（光が1年間に進む距離、9兆5千億km）を、または、縦軸に秒であれば、横軸に光秒（1光秒、30万km）をとります。あるいは、縦軸も距離として、光の速度cに時間tをかけた値ctをとります。

物体が運動した時の時空図での軌跡は「世界線」と呼ばれ、慣性運動では直線に、加速運動では曲線になります。ミンコフスキー時空上の事象と事象との間の距離としての「世界間隔」dは、時間差Δtと空間距離Δrとして$d^2=(c\Delta t)^2-\Delta r^2$と定義されます。運動する物体の上に座標系を考えると、そこでは距離の変化はなく時間の経過だけなので、この時間τは「固有時」と呼ばれ、$d^2=(c\Delta\tau)^2$となります。事象間の時間差は固有時$\Delta\tau$が常に最小なので、運動物体の時間の方がゆっくり進むことになります。

原点からの光の伝播は傾き45度の円錐面です。これは「光円錐（光コーン）」と呼ばれ、原点を通る世界線は常に光円錐の中にあります。世界線は、過去から未来への領域（「時間的領域」）に流れており、光円錐の外側は「空間的領域」と呼ばれます（下図）。

ミンコフスキー空間は特殊相対性理論で扱われる平坦な時空です。重力などを扱う一般相対性理論で扱う空間は曲がっていますが、微小領域に限定すると局所平坦時空を考えることができ、ブラックホール近傍での光のコーンの変化を図示するのにも利用されます。

要点BOX

- ●1次元の時間と3次元の空間の4次元平坦時空
- ●物体の運動に伴った時間は固有時
- ●ミンコフスキー時空での傾き45度の光円錐

ミンコフスキー時空

●空間のみ

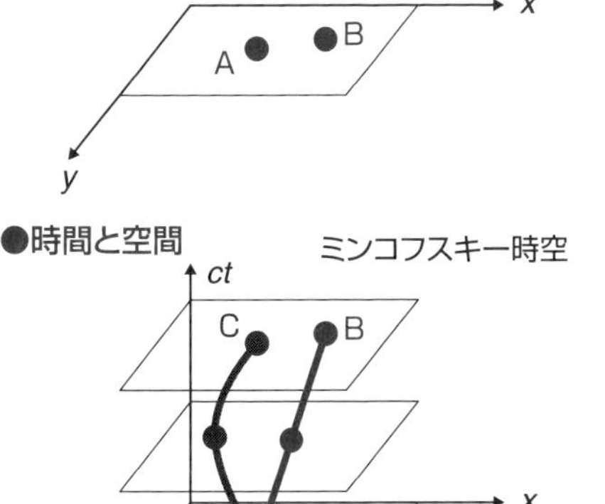

3次元空間
(図は2次元平面で代用)

空間距離 d

$$d^2=(x_B-x_A)^2+(y_B-y_A)^2$$

●時間と空間　ミンコフスキー時空

t：静止系での時間
τ(タウ)：物体の座標系での固有時

空間に時間軸を加えた4次元時空

物体の運動を表す線は「世界線」
　慣性運動では直線(事象Aから事象B)
　加速運動では曲線(事象Aから事象C)

事象Aから事象Bの世界間隔 d

$$d^2=(ct_B-ct_A)^2-(x_B-x_A)^2-(y_B-y_A)^2$$
$$=(c\tau_B-c\tau_A)^2$$

光円錐と世界線

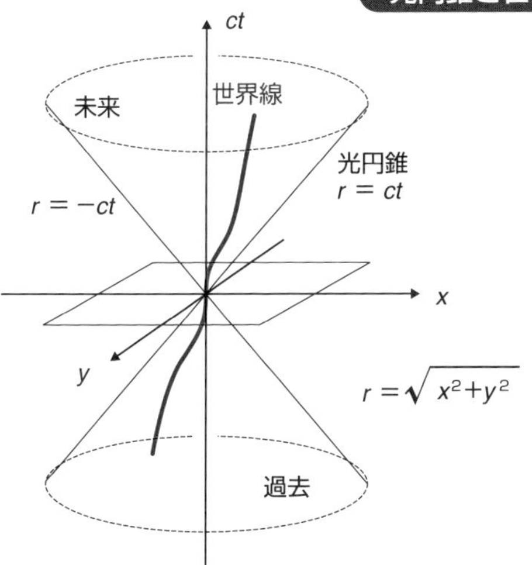

計量は数学の内積に相当

世界線：時空の原点を通る場合の物体の経路

光円錐：原点からあるいは原点への光の軌跡

時間的領域(光円錐の内部)
光的面(光の軌跡)
空間的領域(光円錐の外部)

用語解説

固有時：特殊相対性理論において、お互いに等速運動する系では時間の進み方が異なります。運動する物体に固定された時計の時間が固有時です。

18 異なる場所での同時性とは？

同時刻線と同位置線

座標系によって時間の進み方が違うとすると、異なる場所で同時刻であるということ（「同時性」と呼ぶ）はどのように定義すればよいのでしょうか？

速度が一定で動いている系は「慣性系」と呼ばれ、「静止系」も速度ゼロの慣性系です。この静止系に置かれた長い電車の左端と右端の時間の流れを考えてみましょう（図）。

電車の中心から両端に向けて同時に光を発射した場合、光を受け取った時刻が両端で時間が同じであると考えることができます。これを、水平軸に2次元の空間座標を用い、垂直軸に時間座標を用いたミンコフスキー時空で表します。時間軸は、時間 t と光の速度 c との積 ct を考えて、距離と同じ量にすると、光の進路は45度の直線になります。電車が静止している場合は、「同位置線」は鉛直方向、「同時刻線」は水平方向になり、時間が進むにつれて光が移動し、同時刻に両端に到着します（上段の図）。車内にいる人から見て、車内ではどこの場所も同じ時間が流れていることになります。

一方、光の速度の半分ほどの速さで電車が移動している場合には、中央から発せられた光は左右に一定の速さで進みますが、電車自体は右方向に動いているので、車外の静止系から見ると、左端には早く、右端には遅く光が届くことになります（下段の図）。等速度で動いている電車の中の人には車内は静止系と考えることができ、上段の図のように車内のどの場所でも同時刻ですが、地上の車外の人から見ると、ミンコフスキー時空上では光の伝播の軌道と移動する電車との交点から斜めの線で同時刻が表されます。

ミンコフスキー時空図では、同時刻線と同位置線は45度の光軌道に対して対称になります。この時空図を用いて、特殊相対性理論の時間の遅れや距離の縮みを理解することができます。

要点BOX
- 左右への光の伝播で同時性を定義
- 等速運動の電車では、車内の人には車全体が同時刻、車外の人からは左右で時刻が異なる

同時刻の定義

●静止系での時空図

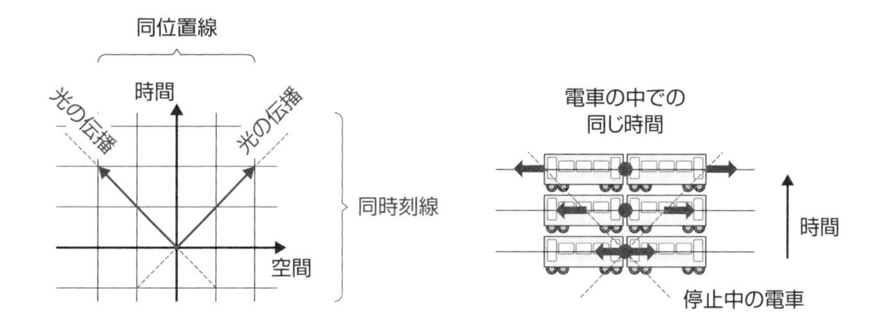

●等速直線運動系での時空図

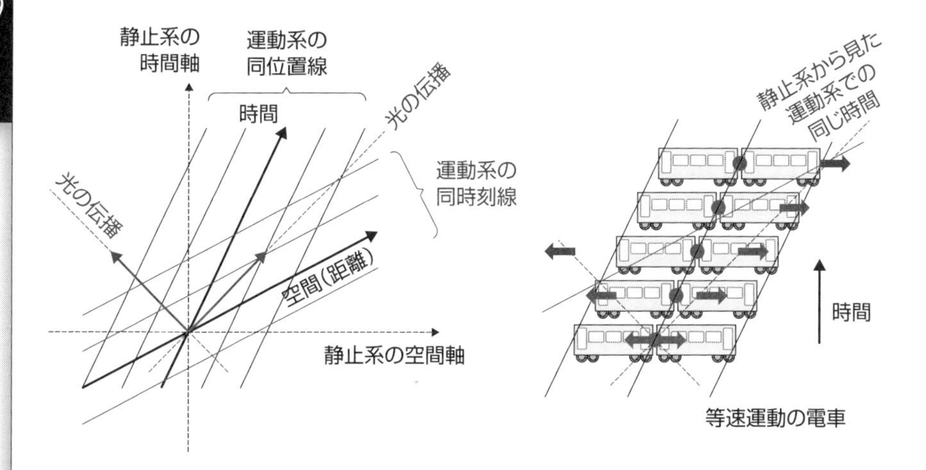

用語解説

同時性：ニュートン力学では2つの事象が同時刻に起こったかどうかは観測者に依存しません。一方，特殊相対性理論では観測者がどのような慣性系にあるかに依存し、同時性は相対的な概念です。

19 双子のパラドックスとは?

時間のパラドックス

相対性理論には、常識では理解が困難な奇妙で面白いパラドックス(背理、逆説)がいくつかあります。その一つが「双子のパラドックス」です。アインシュタインの論文での「時間のパラドックス」であり、後年、わかりやすくアレンジされた問題です。

双子の兄弟がいて、兄が宇宙船に乗り光速に近い速度で遠方の銀河まで行き、地上で待っている弟のもとにUターンして戻ってくるとします(上図左側)。地上の弟から見て、宇宙船の兄は動いているので、兄の時間はゆっくりと進みます。一方、兄から弟を見てみましょう(上図右側)。動いているか静止しているかは相対的なので、兄から見ると弟は動いており、弟の時計の方がゆっくり進み、弟が歳をとらないことになります。兄が戻ってきたとき、歳をとらないのは兄でしょうか?それとも弟でしょうか?

結論から言うと、宇宙船の兄の方が若いことになります。兄も弟も慣性系上にあり同等であると考えるところに、パラドックスでの間違いがあります。

4次元時空図では、加速度のない慣性運動の軌跡は直線で表されます。弟の軌跡はAからCへの加速度のないただ1本の直線の慣性軌跡ですが、兄の軌跡は2本の慣性運動の直線の組み合わせであり、対等の運動ではありません(下図)。前半あるいは後半だけだけであれば、互いに相手が若く見えるという結果になります。しかし宇宙旅行全体では、兄は反転しているので一つの基準と見ることはできず、地球にとどまっていた弟を基準とした結論のみが正しいことになります。事象Aと事象Cの間を結ぶ世界線はいろいろ考えられますが、そのなかで弟の世界線は加速度を受けない(曲がらない)ただ一つの世界線であり、この特別な世界線の上にある時計(地上の弟の固有時)は、加速度を受けた他の世界線を経て戻ってきた時計(兄の固有時)よりも進んでいることになります18。

●動いているか止まっているかは相対的なので、時間のパラドックスが生まれる
●往復で異なる慣性系で考えることで解決

双子のパラドックス

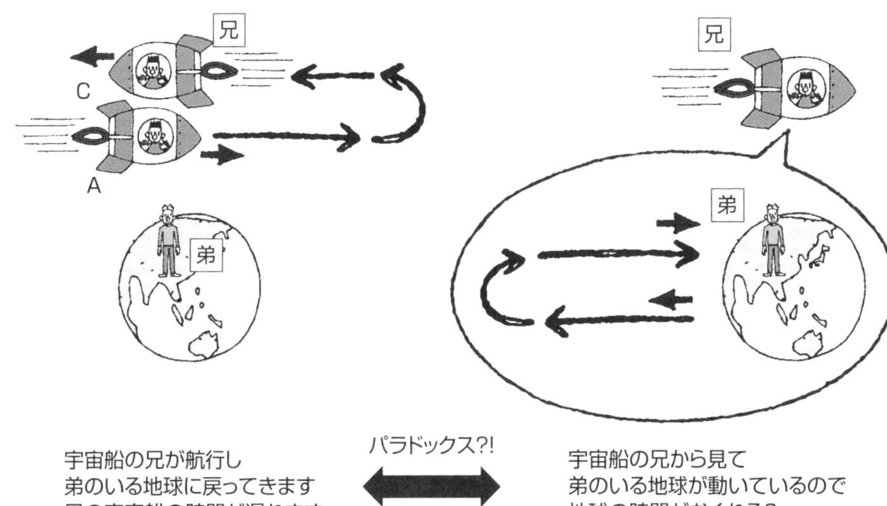

宇宙船の兄が航行し
弟のいる地球に戻ってきます
兄の宇宙船の時間が遅れます。

宇宙船の兄から見て
弟のいる地球が動いているので
地球の時間がおくれる?

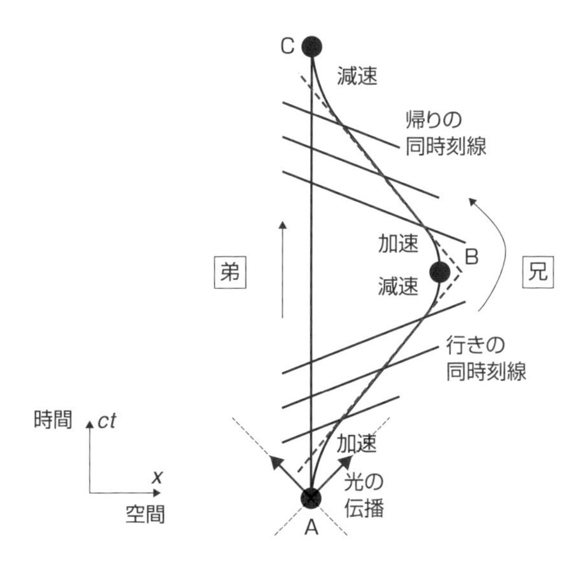

用語解説

特殊相対論のパラドックス：特殊相対理論によれば「動く物体の時計は遅れ、物差しは縮む」とされ、かつ、「運動は相対的なので、時間遅れと距離収縮も相対的」となります。この相対性がパラドックス風の誤解を生むことになります。典型的な例として、ウラシマ効果としての「双子のパラドック」と、ローレンツ収縮としての「車庫入れのパラドックス」があります。

20 速度は足し算か?

速度の合成則

古典力学では電車の上から進行方向にボールを投げると、ボールの速度は電車の速度と投げたボールの速度の単純な和で表されます。これは経験的にも納得できる速度の合成法則です。

例えば、超高速度 v_1 で等速直線飛行しているロケットから進行方向にピストルにより速度 v_2 で弾丸を発射したとします。ニュートンの古典力学に従えば、地球からみた弾丸の速度は $v_1 + v_2$ の合成速度なります。これは「ガリレイ変換」から得ることができます。

ロケット飛行速度と弾丸射出速度が光速に近い場合には、この単純な和の合成則に従えば、地上からの弾丸の見かけの速度は光の速度の2倍近くの値になってしまい、最高速度が光の速度であるとの相対性理論に合わないことになります(上図)。

光の速度(正確には、真空中の速度)は不変で絶対的であり、アインシュタインの相対性理論によればその値を超えることはありません。

特殊相対性理論では、慣性系同士の座標変換として「ガリレイ変換」の代わりに「ローレンツ変換」が用いられます。この変換から得られる速度合成値は単純な速度和を $1 + v_1 v_2 / c^2$ で割った値となります21。v_1 と v_2 がともに光速 c だとすると合成値も光速 c となります。また、ともに光速に比べて非常に小さい場合には、古典的なガリレイ変換の速度合成則に一致します。

光速の百分の1以下では、相対性理論に対するニュートン力学での速度合成則の誤差は1万分の1以下になるので、ニュートン力学での速度合成則を用いても差し支えありません(下図)。

例えば、ともに光速の1万分の1(毎秒30キロメートル、地球の公転速度に相当)の場合や、千分の1(毎秒300キロメートル、アンドロメダ銀河の接近速度に相当)の場合でも、誤差は十万分の1以下の小さな値なのです。

要点BOX

- ニュートン力学では速度の単純和
- 相対性理論では単純和の速度合成の補正必要
- 光速の百分の1では、合成の誤差は1万分の1

速度の合成則

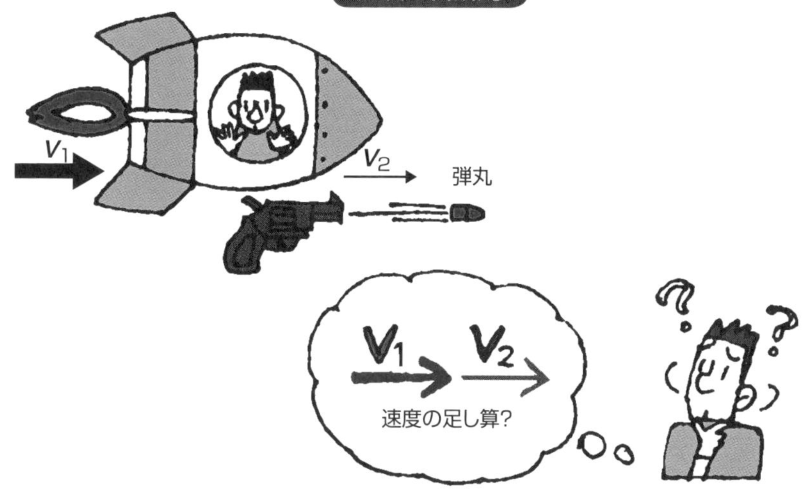

●ニュートン力学（ガリレイ変換）

$$V = v_1 + v_2$$

ともに光速の場合
光速 + 光速
= 2倍の光速

●相対性理論（ローレンツ変換）

$$V = \frac{v_1 + v_2}{1 + \frac{v_1 v_2}{c^2}}$$

光速 + 光速
= 光速

仮定 $v_1 = v_2$ 光速cの倍数	速度の合成則		相対性理論に対するニュートン力学の誤差 $v_1 v_2/c^2$
	ニュートン力学 v_1+v_2	相対性理論 $(v_1+v_2)/(1+v_1 v_2/c^2)$	
0.001	0.002	0.001999998	0.000001
0.01	0.02	0.01998	0.0001
0.1	0.2	0.198	0.01
0.9	1.8	0.994	0.81
1	2	1	1

低速度（光速の1%以下程度）では、
相対性理論の速度の合成則はニュートンの合成則にほぼ一致します。

用語解説

合成速度と相対速度：物体A（速度 v_A）と物体B（速度 v_B）がある場合、AとBの古典的合成速度は v_A+v_B、相対論的にはこれを $(1+v_A v_B/c^2)$ で割った値。一方、Bから見たAの古典的相対速度は v_A-v_B、相対論的にはこれを $(1-v_A v_B/c^2)$ で割った値。

21 ローレンツ変換とは？

ローレンツ因子

等速直線運動している座標系（慣性系）で記述されている運動を、静止している座標系（速度ゼロの慣性系）から見たとき、座標系の相互の変換は、ニュートン力学では「ガリレイ変換」と呼ばれます。

光の速度に近い高速の運動の場合には、ガリレイ変換はもはや成り立ちません。その場合、特殊相対性原理（等速直線運動座標系での物理法則の不変性）と光速不変の原理を用いて高速の物体の運動を記述するのが、アインシュタインの特殊相対性理論であり、慣性系同士の座標変換には「ローレンツ変換」が用いられます。

ガリレイ変換では「絶対時間」を使用しますが、ローレンツ変換では時間の遅れと長さの縮みを考慮した「相対論的時間」を考えることになります。

速度Vで走っている自動車の中でボールを速度v'で前方に投げた場合を考えます（図参照）。静止座標系Sに対して、空間1次元のミンコスキー時空図での車の座標系S'の空間軸と時間軸は45度の光の軌跡に対して対称になります。S上から見たボールの動いた距離$x-Vt$の係数γ倍が座標x'と仮定します。時間の進み具合も同様に係数γ倍と仮定すると、S系での時間t、距離xと、速度Vで動いているS'系での時間t'、距離x'との変換則が得られます。この変換則から、相対論的な速度合成則が得られます。

相対性はお互い様なので、慣性系S'が静止して、慣性系Sが反対方向に速度Vで動いていると考えて、γ倍の時間の遅延と距離の短縮を仮定して、同様な変換則が得られます（下段の図）。

以上の2つの変換則の4つの式から距離と時間を消去すると、係数γがローレンツ因子に一致することがわかります。

速度Vが光速cに比べて非常に小さいときには、ローレンツ変換はガリレイ変換に帰着されることになります。

- 特殊相対性理論では、相対原理と光速不変の原理から、ローレンツ変換を導出可能
- 低速の極限でのローレンツ変換がガリレイ変換

ローレンツ変換での時空図

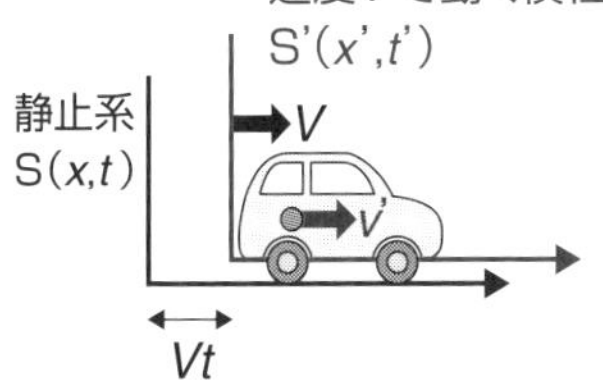

固有時間はt'

速度Vの車の中で
前方に速度v'で
ボールを投げた場合

●静止系Sから見た図

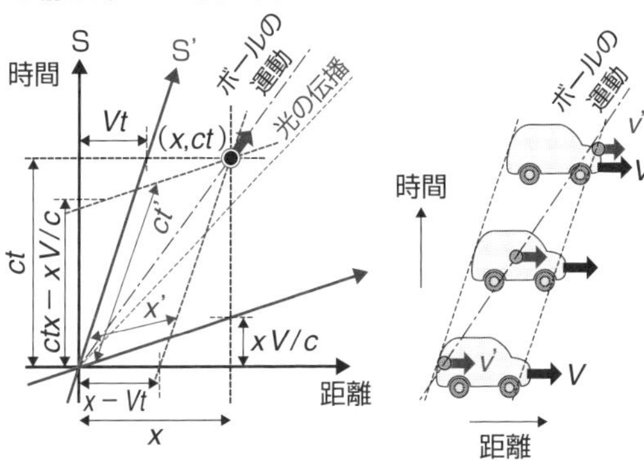

比例係数γを仮定して

$x' = \gamma(x - Vt)$ *

$ct' = \gamma(ct - xV/c)$ *

速度 $v' = x'/t'$

$v = x/t$

上式から

$$v' = \frac{v - V}{1 - \frac{vV}{c^2}}$$

これを書き直すと

$$v = \frac{v' + V}{1 + \frac{v'V}{c^2}}$$

●運動系S'から見た図

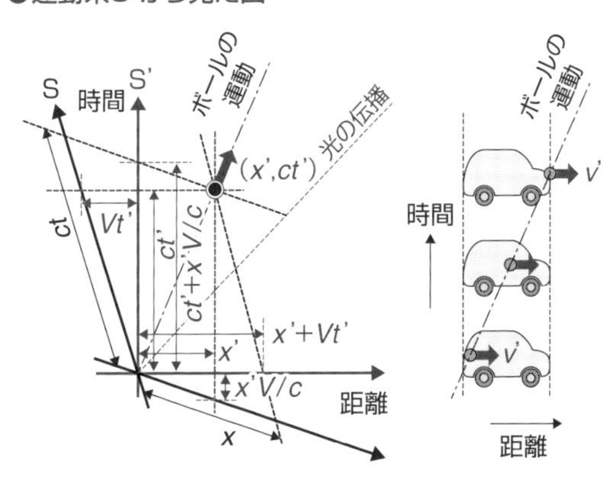

比例係数γを仮定して

$x = \gamma(x' + Vt')$ *

$ct = \gamma(ct' + x'V/c)$ *

係数γの入ったローレンツ変換の4つの式(*)から時間と距離を消去して

$$\gamma = \frac{1}{\sqrt{1 - \left(\frac{V}{c}\right)^2}}$$

ガリレイ変換（低速の極限）

$V/c \ll 1$ の場合　$x' = x - Vt$　または　$x = x' + Vt$

$\gamma \sim 1$　　$t' = t$

22 質量とエネルギーとは等価である！

$E = mc^2$

世界で最も有名で美しい物理法則の式は、アインシュタインの$E = mc^2$だと思います。ここで、光の速さをcとして、物質の質量mはエネルギーEに等価であることを示しています。等速直線運動する系において「光速不変の原理」と「相対性の原理（座標系によらず物理法則は不変）」を用いて導かれたものです。

中央に質量Mの物体が置かれている上下方向に細長い（長さ$2L$）部屋が、等速で動いているとします。ここで、エネルギーEの半分を持つ光子を上下から入射した思考実験（頭の中で考えられる理想的な実験）を考えます（上図）。用いる座標系は、静止している座標系Sと、速度Vで等速運動している座標系S'です。光子が物体に合体した場合には、エネルギーが変換されて見かけの質量mが増えたと考えます。一般にエネルギーEの光子の運動量（質量と速度の積で定義）は$E／c$ですが、光子の垂直運動量は上と下とで同じであり、垂直方向の合計はゼロです。一方、水平方向の運動量は前後で保存されるので、静止座標系Sで眺めると、光速はどの座標系でも一定値cなので、時間tの間に水平方向にVt、斜め方向にctだけ進み、光子の水平方向の運動量はVをcで割った成分となり、物体の運動量MVとの和が、合体後の物体と光子との全体の運動量に等しくなります（上図）。これより質量mとエネルギーEとの等価の式$E = mc^2$が得られます。

一方、特殊相対性理論での座標時と固有時の関係式と運動方程式から、質量は静止質量とローレン因子との積で定義できるので、エネルギーと運動量との相対論的な関係式が明らかとなります（下図）。ニュートン力学では質量mで速度vの物体の運動エネルギーは$(1/2)mv^2$ですが、速度が小さい場合にmを展開して、第1項は静止質量エネルギー、第2項は運動エネルギー、第3項以降は相対論的補正です。光速になるほど見かけの質量が大きくなるのです。

要点BOX
- ●エネルギーEの光子の運動量は $E／c$
- ●光子と物体の衝突の思考実験から $E = mc^2$
- ●速度とともに見かけの質量が増加

アインシュタインの思考実験

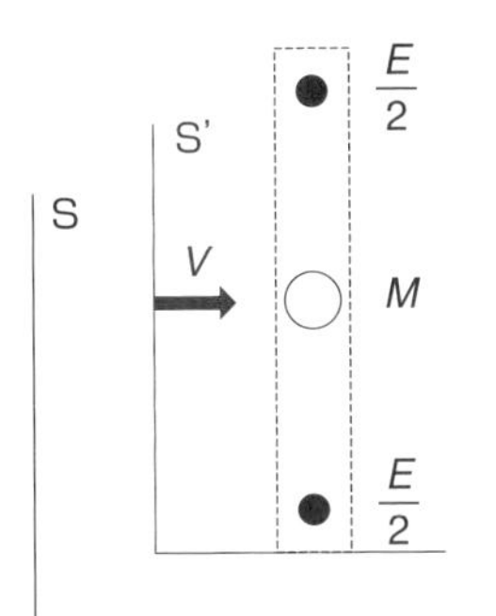

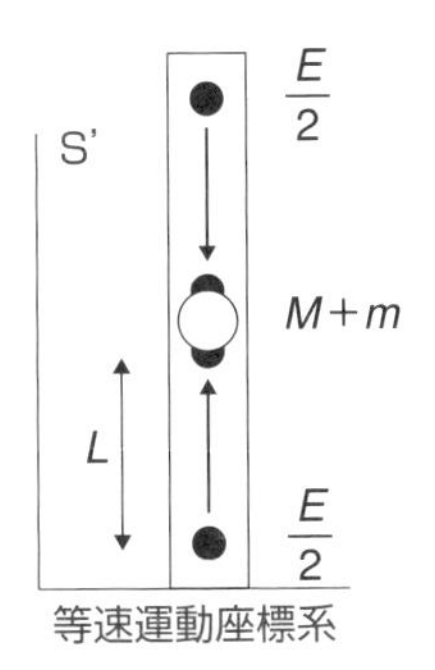

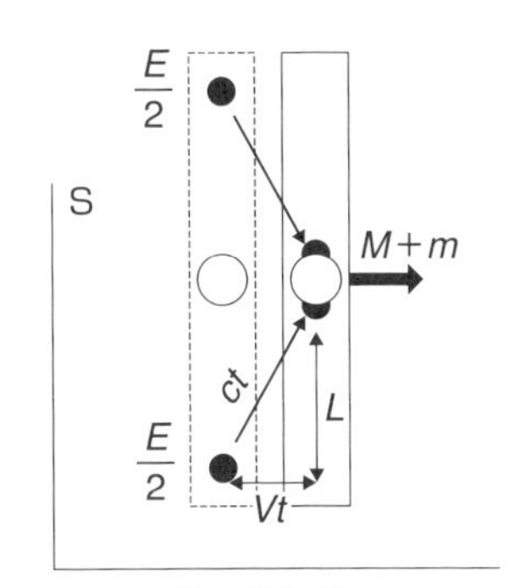

水平方向の運動量

衝突前　$2 \times (E/2c) \times (Vt/ct) + MV$ ➡ 運動量の保存から

衝突後　$(M+m)V$　　$E = mc^2$

特殊相対性理論でのエネルギーと運動量

静止座標時 t と
運動物体の固有時 τ

$$t = \gamma\tau > \tau$$

運動方程式

$$\frac{d}{dt}mv = F$$

$$\frac{d}{d\tau}m_0 v = F$$

したがって

$$m = m_0\gamma$$

質量

$$m = m_0\gamma$$

m_0：静止質量

$$\gamma = \frac{1}{\sqrt{1-\left(\frac{v}{c}\right)^2}}$$ ：ローレンツ因子

運動量

$$p = mv$$

エネルギー

$$E = mc^2 \cong m_0c^2\left[1 + \frac{1}{2}\left(\frac{v}{c}\right)^2 + \frac{3}{8}\left(\frac{v}{c}\right)^4 + \cdots\right]$$

上記3つの式から

$$E^2 = c^2p^2 + m_0{}^2c^4$$

用語解説

静止質量：特殊相対性理論では、運動物体の質量はその速さに依存して変化します。特に速さがゼロのときの質量が静止質量であり，物体固有の質量（普遍質量）です。

Column

デロリアンが時空を超える？

タイムトラベル映画③「バック・トゥ・ザ・フューチャー」（1985年〜）

1985年に公開された未来科学空想映画「バック・トゥ・ザ・フューチャー（BTTF）」では、現代につながるいろいろな夢の科学が描かれていました。空飛ぶ自動車、ホバーボード（空飛ぶスケートボード）、スマートウォッチやスマートグラス、指紋認証・音声応答タブレット、自動靴紐のスニーカーなど、現代では当たり前となった技術もあり、それが30年以上も前の映画に登場しています。その中でも、特に魅力的なのが、核融合エンジンを搭載したスーパーカー「デロリアン」です。

タイムマシンとして時速140kmを超える必要があるとの設定で、その動力源は、映画のパート1（1985年公開）ではプルトニウム燃料が使われ、パート2（1989年公開）ではMr.Fusionと記された核融合エンジン26が搭載されています。エメット・ブラウン博士がクズカゴからやおら取り出したゴミの飲料水の缶から水（ビール？）を車に注いで出発するシーンが印象的でした。パート3（1990年）では、さしずめ超未来の反物質エンジン53か？と想像していましたが、核融合燃料（廃棄物燃料？）のままでの、百年前の1885年の過去へのタイムスリップでした。

高速で時空を超えて未来に旅立つ映画ですが、雷のエネルギーを利用してデロリアンを起動し、タイムトリップするシーンも登場します。雷のエネルギーは膨大ですが、映画では「1・21ジゴワット」なる説明も登場します（「ジゴ」ではなくて「ギガ」の意味）。参考までに、一般的な雷では、エネルギー（電力の積算量）は1ギガジュール（10^9J）であり、パワー（時間平均した電力率）は1テラワット（10^{12}W）です。

タイムマシンは、1985年10月26日にエメリット博士が造ったと設定されています。ちなみに、博士の愛犬の名前がアンシュタインです。

映画で登場したデロリアン

「バック・トゥ・ザ・フューチャー」
原題:Back to The Future
製作: 1885,1989,1990年 米国
監督:ロバート・ゼメキス
主演:マイケル・J・フォックス、クリストファー・ロイド
配給:ユニバーサルスタジオ

第4章

特殊相対性理論の検証と応用

23 短寿命のミュー粒子が地上に届く？

相対論効果による長寿命化

　高速で動いている物体の固有な時間は、静止している人から見てゆっくり進むという特殊相対性理論の具体例として、二次宇宙線粒子としての「ミュー粒子（ミュオン）」の寿命が延びることがあげられます。

地球に降り注いでいる一次宇宙線（主に陽子）が大気中で窒素などの元素と衝突して、二次宇宙線としてのパイ中間子が生成され、その粒子が上空で崩壊してミュー粒子とニュートリノが発生します（上図）。

　ミュー粒子の質量はほぼ電子の二百倍であり、静止質量エネルギーとしては百メガ電子ボルト程度です。平均寿命はおよそ百万分の2秒です。ちなみに、電気を帯びたパイ中間子の寿命はおよそ1億分の2秒であり、瞬時にミュー粒子が生成されます。

　このミュー粒子が寿命の間に光の速度で進む距離は古典論では6百メートルほどであり、地球に届く前に消滅してしまうと想定されます。地球に届く確率はおよそ10億分の1です。

　しかし、ミュー粒子の運動エネルギーは静止質量エネルギーを大きく超え、相対論的な振る舞いを考える必要がでてきます。

　地球から見てミュー粒子の時間がゆっくり進み、寿命内に地上に到達すると考えられます。生成された典型的なミュー粒子のエネルギーは1ギガ電子ボルトであり、見かけの質量は静止質量（百メガ電子ボルト）のおよそ10倍であり、ローレンツ因子を10として、光速の99・5％ほどで飛んでくることになります。この場合、地上から見て、ミュー粒子の寿命が10倍伸びることになり、10倍程度の距離の6キロメートルまで到達可能となります。

　一方、ミュー粒子自身から見ると時間は普通に進んでおり、地球までの空間（距離）が10分の1に縮んで見え、地上に到達できると考えることができます。以上は、特殊相対性理論の正しさを示す証拠の一つだといえます。

要点BOX

- ミュー粒子の寿命は百万分の2秒
- 特殊相対論効果で10倍ほど寿命が延びて、地上に到達可能となります

二次宇宙線ミュー粒子の生成と消滅

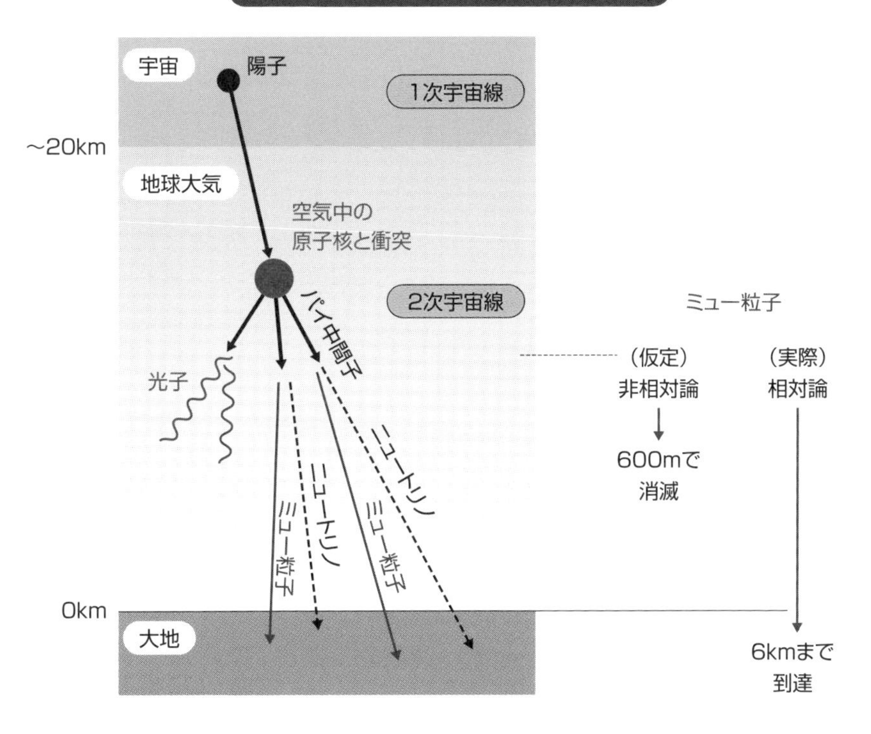

ミュー粒子の誕生

荷電パイ粒子 → ミュー粒子 + 反ミューニュートリノ

中性パイ粒子 → 2個の光子

ミュー粒子の崩壊

ミュー粒子 → 電子 +ミューニュートリノ+反電子ニュートリノ

電子とミュー粒子（ミュオン）の比較

	電子(e^-)	ミュー粒子(μ)
質量:	0.5 MeV/c^2	106MeV/c^2 電子の207倍
平均寿命:	>6.4 × 10^{24}年	2.2×10^{-6}秒

質量mとエネルギーEは等価($E=mc^2$、cは光速)なので、質量をエネルギー単位換算eV/c^2、MeV/c^2で表記しています。

1eV/c^2 ≈ 1.8 × 10^{-36} kg

24 ジャイロスコープでの相対論効果とは？

サニャック効果

物体の向きや回転速度を測定するのに「ジャイロスコープ（回転儀）」が用いられます。機械式では、互いに直交する軸のまわりに回転できる三つの金属リングを組み合わせてコマを支え、コマが空間を自由に回転できるようにします。コマを速く回転させると、その回転軸は空間の一定の方向を保つことができます。

ジャイロスコープには、機械式（回転型、振動型）、流体（ガス）式、光学式などがあります。光学方式としては、リングレーザジャイロスコープ（ＲＬＧ）や光ファイバジャイロスコープ（ＦＯＧ）、などがあり、そこでは相対性理論が用いられています。量子効果を利用した量子ジャイロスコープでは、光学式よりも精度の高い角速度測定が可能です（上右図）。

回転する円環での光路を考えます。回転方向に沿って光が1周する時間と逆方向に1周する時間の間に差が生じます。これを「サニャック効果」と呼びます。

回転速度が一定の回転系では、一定の向心力により軌道が曲げられて等速円運動を描いています。力が加わっているという意味で加速度系ですが、軌道に沿ってみると、遠心力（見かけの力）と向心力とが釣り合って、運動方向への加速度はゼロであり、局所的に速さが一定の慣性系と考えることができます（上左図）。半径Rの光リングが角速度Ωで運動しているとします。リングの速度は$R\Omega$です。光の速度は、リングの速度に無関係で一定値cとします。光が一周する時間にリングはΔLだけ移動します。リングの回転方向に光が進むと光路が増えるので、静止しているときよりも時間がかかることになります。逆に、リングの回転と逆の方向に光が伝播する場合には、距離が短くなり、光速が一定なので時間が進みます。結局、左回りと右回りでの時間差は$4\pi R^2\Omega/c^2$となります（下図）。

以上が特殊相対性理論に基づく説明ですが、正確には一般相対性理論による説明が必要になります。

●リングレーザや光ファイバによるジャイロスコープではサニャック効果利用
●光リングの左右の時間差は角速度に比例

直線運動と円運動での慣性系

等速直線運動

力なし(加速度はゼロ)

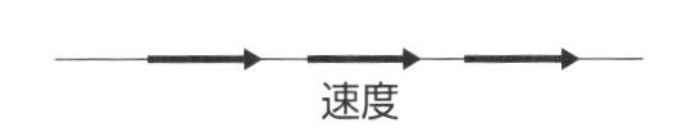

等速円運動

向心力あり

ただし運動方向への加速度はゼロ

局所的な慣性系と考えることができます。

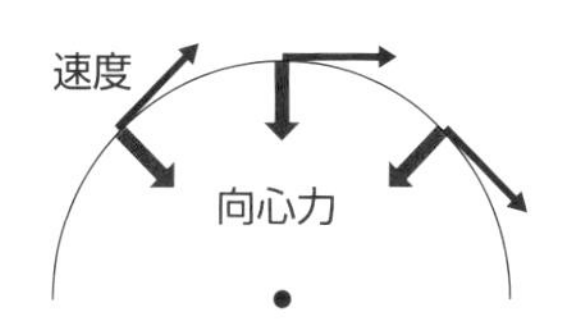

ジャイロスコープの比較

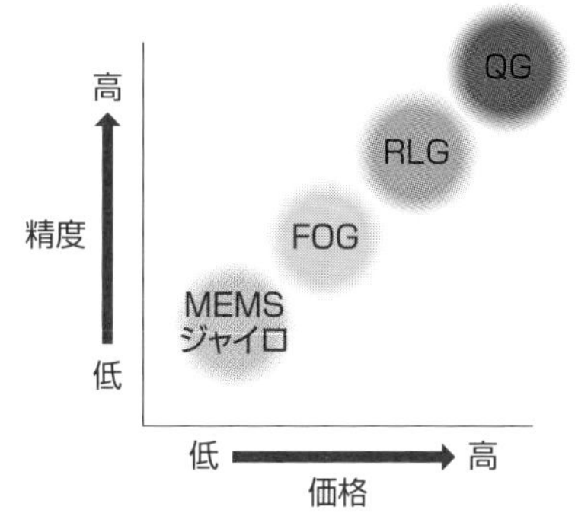

MEMSG：マイクロ電子機械系ジャイロスコープ

FOG：光ファイバジャイロスコープ

RLG：リングレーザジャイロスコープ

QG：量子ジャイロスコープ

サニャック効果の原理

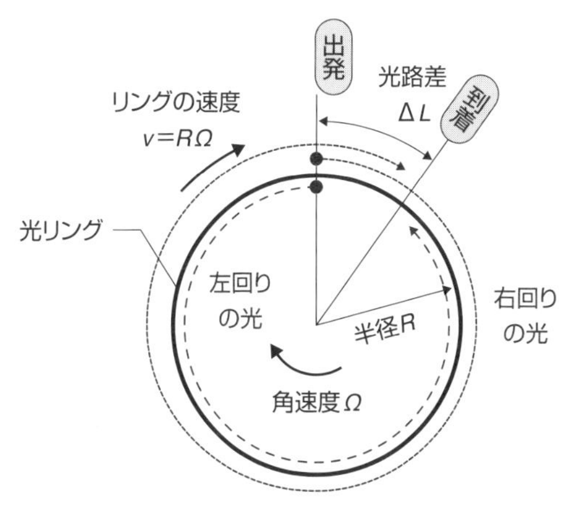

光の速度cは光リングの回転に関係なく一定値と仮定(光速度一定の原理)

光の1周の時間

$T \approx 2\pi R/c$

光路差

$\Delta L = vT \approx 2\pi R^2 \Omega / c$

1回転の左右の時間差

$\Delta t = 2\Delta L/c \approx 4\pi R^2 \Omega / c^2$

(註)正確には回転座標系(非慣性系)を用いての一般相対性理論の適用が必要です。

用語解説

サニャック効果：回転している円形の光のリングを考えます。回転方向に沿って光が1周する時間と逆方向に1周する時間の間に差が生じます。これはフランスの物理学者ジョルジュ・サニャック(1869-1926年)にちなんで命名されています。

25 ジェット旅客機で東回りの時計が遅れる？

ヘイフリーとキーティングの実験（1971年）

特殊相対性理論によれば、静止している物体の固有時間に対して、高速度vで動く物体の固有時間はゆっくり進むという「ウラシマ効果」（時間の遅れ）が指摘されています。一方、一般相対性理論では、地上の高度が増すほど重力が弱まり、時刻が進むことがわかっています（上図）。

1971年に、米国の物理学者ヘイフリーとキーティングは、4個のセシウム原子時計を使って、東回りと西回りのジェット旅客機による速度と重力との相対論効果による時刻の差を測定しました。基準の時刻はワシントンで計測し、飛行機の原子時計とこの基準時計との差を計測したのです（下図）。

地球は、赤道上で4万キロメートルを24時間で自転しているので、毎時1700キロメートルの速度です。ジェット旅客機の平均速度は自転速度の半分ほどであり、赤道上で、東回りが自転速度とジェット機の速度の組み合わせで最も速度が大きくなります。次に地上であり、自転速度のみです。一番遅いのが西回りで、自転速度と反対方向に飛行するので、自転速度からジェット機の速度を差し引かなければなりません。東回りでの速度効果による時間の遅れはおよそマイナス200ナノ秒であり、西回りではおよそ100ナノ秒だけ地上の時刻よりも進むことになります。ここで、1ナノ秒は1秒の10億分の1（10^{-9}秒）です。それに高度10キロメートルを飛ぶジェット機は一般相対論の高度が上がるほど時間が早く進む効果として150ナノ秒を加えると、東回りはマイナス50ナノ秒、西回りは250ナノ秒となります。

実際の詳細な予測値と測定値との比較は左頁の下段に示されていますが、相対性理論での高速による時間の遅れ（特殊相対論的効果）と、上空での重力の低減による時間の進み（一般相対論的効果）との組み合わせを証明した実験と考えられています。

要点BOX
- ジェット機実験では、高速運動による時間の遅れと弱い重力による時間の進みを考慮
- 自転により東回りが西回りより時間が遅れる

ジェット機での相対性理論効果

●速度効果（特殊相対論）

$$\frac{\Delta t}{t} \sim -\frac{1}{2}\left(\frac{v}{c}\right)^2$$

速度vが光速cに比べて
無視できなくなると
時間tがΔtだけ遅れます。

●重力効果（一般相対論）

$$\frac{\Delta t}{t} \sim \frac{gH}{c^2}$$

高度Hが上がると
重力（g：重力加速度）が弱まり、
時間tがΔtだけ速く進みます。

ジェット機での時間の比較

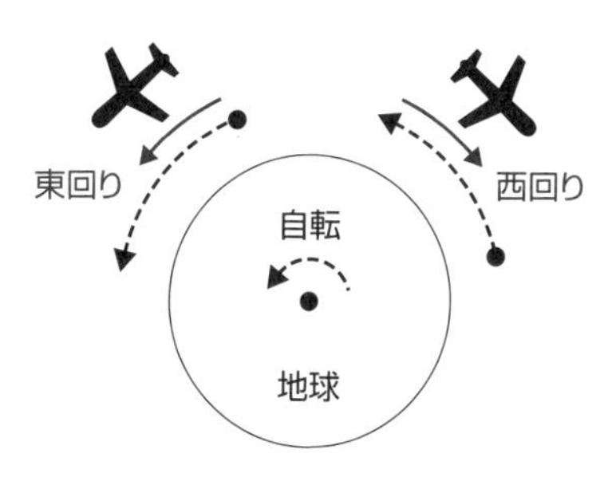

地球の自転速度
$v_E = 1{,}700\text{km/h} = 463\text{m/s}$

ヘイフリー ＝ キーティング
(Hafele-Keating)　の実験（1971年）

セシウム原子時計を3箇所に設置

- 東回りジェット機
- 地上
- 西回りジェット機

	予測値（ナノ秒）			測定値（ナノ秒）
	速度効果（特殊相対論）	重力効果（一般相対論）	合計	
東回り	−184 ± 18	144 ± 14	−40 ± 23	−59 ± 10
西回り	96 ± 10	179 ± 18	275 ± 21	273 ± 7

26 太陽と地上での核燃焼とは？

核融合と核分裂

アインシュタインの特殊相対性理論での成果は、時間と空間とを統一したことと、物質とエネルギーとを統一したことです。後者が、世界で最も有名で美しい式「$E = mc^2$」です。これは、物体の質量mと光の速度cの2乗との積がエネルギーEに等しいことを示したものです。

宇宙の創生期は超高エネルギーの世界であり、エネルギー自体から物質がつくられました。エネルギーから質量への変換が行われたのです。逆に、物質からエネルギーの生成は、宇宙線の素粒子反応や原子炉での原子核反応はもとより、私たちの日常生活での化学燃焼反応でのエネルギー放出も、拡大解釈として極微の質量（百億分の1程度）がエネルギーに変換されたと考えることもできます。

原子核は核子（陽子と中性子）やそれらを結合させている核力エネルギーにより構成されていますが、元素の核子当たりの結合エネルギーを上図にまとめました。水素のように軽い原子核同士が融合（核融合）したり、原子炉でのウランのような重い原子核が分裂（核分裂）したりで、安定な原子核に変換されます。このとき、反応の前後で質量の総量が減少し（質量欠損）、その質量分がエネルギーとして開放されます。

最も安定な元素は鉄です。人間社会と同じく、一人では孤独で寂しく、大勢では喧嘩になります。丁度安定な質量の原子核があります。それが鉄です。

重水素と三重水素からヘリウムと中性子が生成される核融合反応について、エネルギー発生量の評価が下図に示されています。原子質量単位uを用いて、重水素の質量数は2ですが、質量は2uよりも少し大きい値です。この原子質量単位は、質量数12の炭素の原子を12uと定義しているからです。

反応前後の質量総量の差から、アインシュタインの式より発生するエネルギーを計算することができます。

要点BOX
- ●軽い元素同士で核融合、重い元素は核分裂
- ●反応前後の質量欠損分Δmが、$E = \Delta mc^2$に従いエネルギーとして放出される

核融合と核分裂

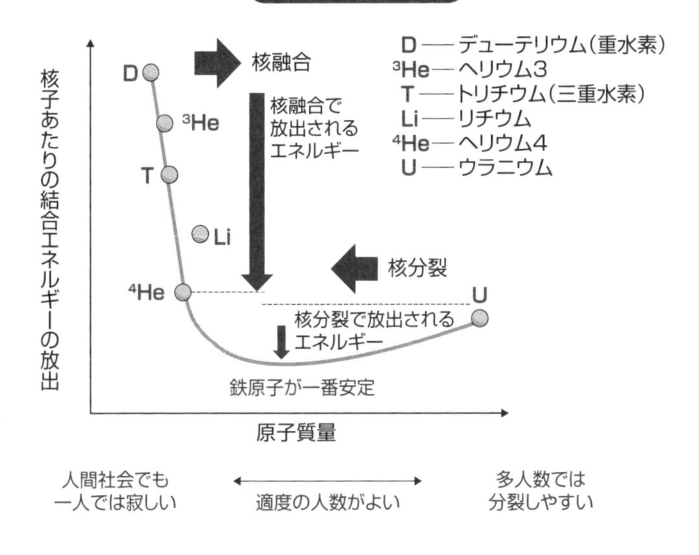

質量欠損によるエネルギーの発生

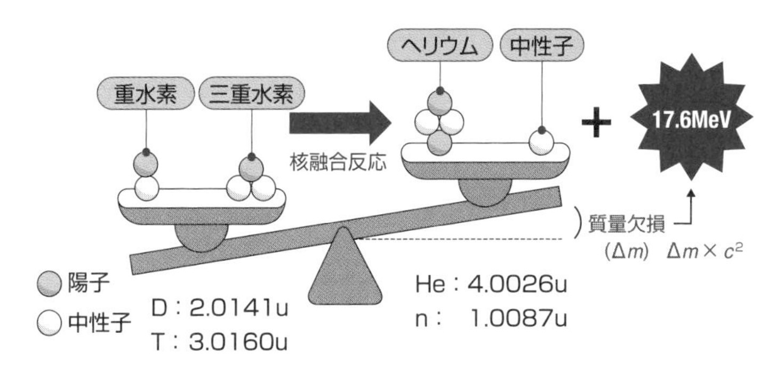

（原子質量単位　$1u=1.66x10^{-27}kg$）

$\Delta m=0.0188u$

$\Delta mc^2=2.81x10^{-12}J=17.6MeV$

（$1MeV=1.60x10^{-13}J$）

MeV：メガ電子ボルト

J：ジュール

用語解説

原子質量単位：質量12の炭素の原子質量を12として定義され、記号として u あるいは amu が用いられます。 質量とエネルギーとの等価性から、エネルギー単位としてのメガ電子ボルト（MeV または MeV/c^2）も用いられます。$1u = 1.66x10^{-27}kg = 931\ MeV/c^2$

27 粒子加速器では相対論は必須？

ブーヘラーの実験（1909年）

特殊相対性理論からは、速度が大きくなると（エネルギーが増えると）、見かけの質量が増えることが示されています。

運動エネルギーの増加により質量が増加することを示した最初の実験は、1901年にドイツのカフマンによりなされました。ラジウム線源からのベータ線（電子線）による電場と磁場中の軌跡から質量の速度依存性を求めています。これはアインシュタインの相対性理論以前の実験であり、当時は、荷電粒子はまわりに電磁場を伴うので加速するために慣性力が増えるとの電磁質量（1902年のアブラハムの理論）の概念が想定されていました。

より詳細な実験は1909年にブーヘラーによりなされ、アインシュタインの相対性理論の正しさが認められました。

実験では、ベータ線源から放出される電子をコリメータにより方向や速度を調整して、磁場中の軌跡を解析しました。運動している電子は磁場によるローレンツ力により軌道が曲げられます。非相対性理論による予測と異なり、高速（高エネルギー）での質量が増加することで、軌道半径が大きくなります（図中段）。

実験データは、カウフマンの実験結果（白丸）とブーヘラーの実験結果（黒丸）が描かれています（図下段）が、特殊相対論の予測によく一致しています。

相対性理論によれば、運動しているときの質量は静止しているときの質量より大きくなり、その質量の増加分は粒子の運動エネルギーに比例することになります。全エネルギーEは質量mと光速cの2乗との積$E=mc^2$によって与えられることになります。

現在の加速器による粒子加速では、静止状態の質量の1万倍以上まで質量（エネルギー）を高めることになり、すべての加速粒子について、質量のローレンツ因子依存性が確認されています。

要点BOX
- ●見かけの質量は粒子の速度と共に増大する
- ●カウフマンとブーヘラーによる電子線実験
- ●質量の速度依存性は加速器設計では重要

粒子加速と特殊相対性理論の検証

●実験装置

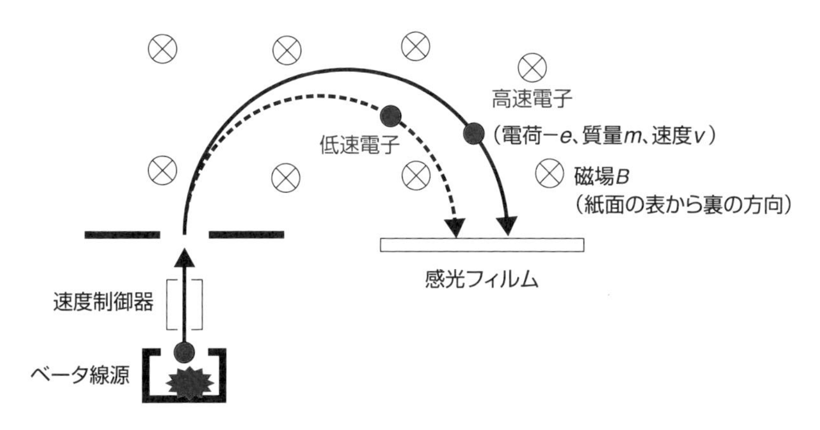

●磁場中の電子の回転半径

力のつり合いから回転半径が求まります。

ローレンツ力　$evB=\frac{mv^2}{r}$　遠心力　➡　回転半径 $r=\frac{mv}{eB}$

●実験結果

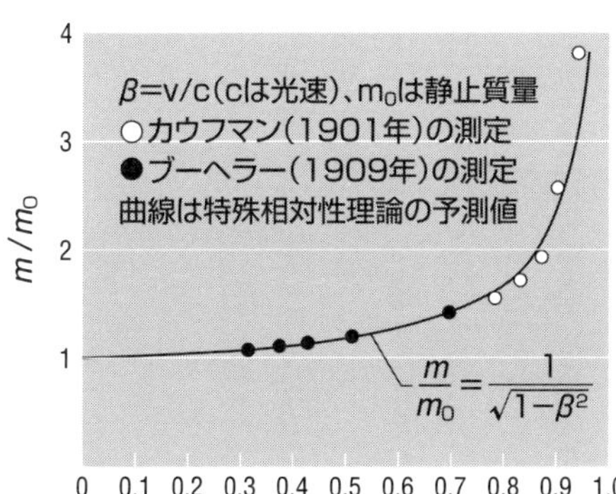

非相対論　$m=m_0$

相対論　$m=\frac{m_0}{\sqrt{1-\left(\frac{v}{c}\right)^2}}$

用語解説

ローレンツ力：磁場の中を運動する荷電粒子が受ける力で、粒子の電荷、速度、磁場の積で表わされ、力の方向は速度ベクトルと磁場に垂直です。電場による加速も含める場合があります。名前はオランダの物理学者ヘンドリック・ローレンツに由来しています。

28 相対論的電子からの光とは？

シンクロトロン放射光

磁場中で運動する電子はローレンツ力を受けて円軌道またはらせん軌道を描き、電磁波を放射します。軌道の半径は電子の運動量（質量と速度の積）に比例しますが、回転の周波数（サイクロトロン周波数）は質量に比例するものの速度には比例しません。速度が小さい場合には質量は一定で、放射の周波数分布（周波数スペクトル）はサイクロトロン周波数の整数倍の線スペクトルとなります（サイクロトロン放射）。

一方、静止エネルギーと運動エネルギーが同程度の相対論的電子の場合には、放射の周波数は電子のエネルギー（相対論的質量）に依存し、電子の速度が大きくなるにつれて線スペクトルの周波数間隔は次第に狭まり、光速に近い場合には隣接する線スペクトルが重なり合って連続的なスペクトルとなります。これが「シンクロトロン放射」です（上図）。

電子は負の電荷をもっているので周りに電場をつくりますが、これは仮想の光子の雲が取り囲んでいると考えることができます。電子が磁場で曲げられると仮想の光子が振り落とされて現実の光子となって放出されます。これが「放射光」です。

放射光は１９４７年にアメリカで発見されましたが、当初は高エネルギー電子加速を妨げる厄介者の放射でした。現在は、赤外からX線までの幅広いエネルギー領域をカバーすることができる電磁波なので、放射光が積極的に利用されています。

電子の進行方向を変える方法としては、電子をリング状の加速器に閉じこめるための偏向電磁石と、隣り合う偏向磁石の間に挿入する周期的な磁石のアンジュレータなどがあります（下図）。偏向電磁石では、赤外線からX線までの連続した波長の光が得られます。一方、アンジュレータでは、電子を周期的に小さく蛇行させて、そのたびに発生する放射光を干渉させることにより、極めて明るい特定波長の光が得られます。

要点BOX

- ●相対論的電子によるシンクロトロン放射光
- ●放射光は、指向性が強く、非常に輝度が高く、パルス的で偏向特性も良好な光

磁場中の電子からの放射

サイクロトロン放射
非相対論的電子の磁場中の放射
線スペクトル（サイクロトロン周波数の整数倍）

シンクロトロン放射
相対論的電子の磁場中の放射
連続スペクトル

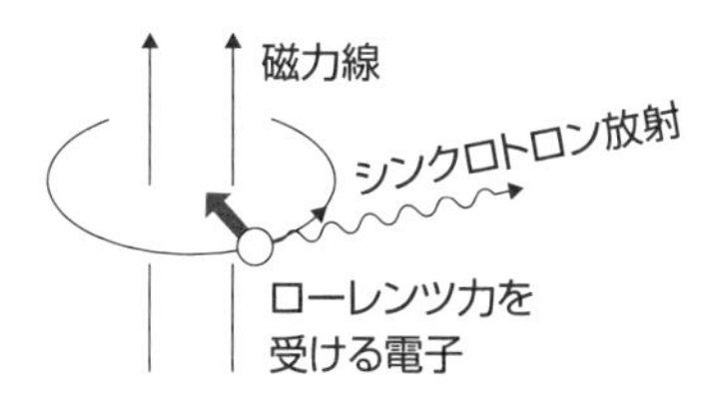

シンクロトロン放射光発生の方法

●偏向磁石からの放射光

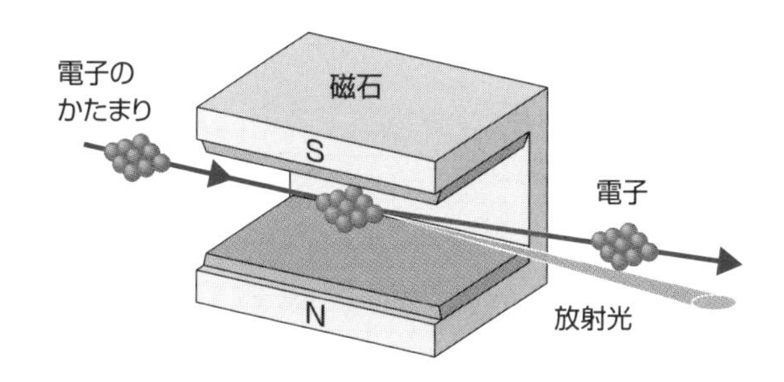

●アンジュレータからの放射光

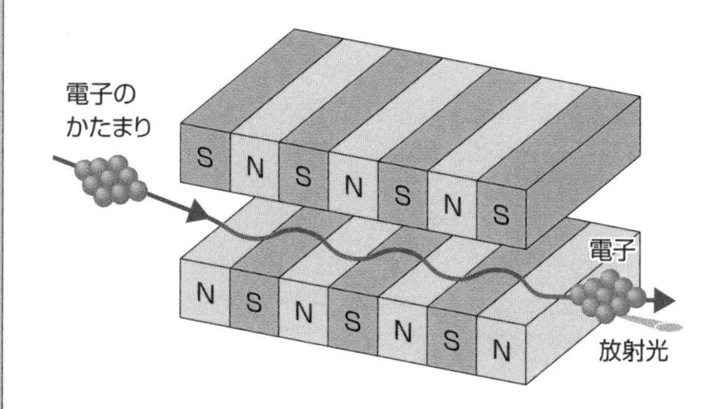

アンジュレータとは、S極とN極の磁石を交互に配置し、周期的に磁場を発生し、電子を蛇行させて放射光を取り出す装置です。

用語解説

放射光：光速に近い速さで走っている相対論的電子が、磁場などによって進行方向が曲げられたときに、電子の進行の接線方向に放射された電磁波。

Column

未来は変えられる?

タイムトラベル映画④「ターミネーター」（1984年～）

アーノルド・シュワルツェネッガー主演の映画「ターミネーター」は、ジェームズ・キャメロン監督で1894年にはじまり、現在2019年11月に第6作目が公開されている好評のシリーズです。

「ターミネーター」とは、人類の歴史を終わらせるために送られた殺人アンドロイド（人造人間）のことです。映画では、人工知能の機械軍と人類が率いる抵抗軍との激しい戦いが描かれています。

核戦争の後、人工知能「スカイネット」の機械軍が反乱を起こし、人類は絶滅の危機を迎えます。しかし、ジョン・コナーの指揮の下、抵抗軍は反撃に転じます。脅威を感じたスカイネットは、殺人アンドロイド「ターミネーター・サイバーダインシステム・モデル101シリーズ800（T-800）」を未来から現代へと送り込み、ジョンの母親サラ・コナーを殺害することで、ジョンを歴史から抹消しようとたくらみます。第1作では、核戦争後の2029年から始まり、45年前の1984年の現代のロスアンジェルスにタイムスリップします。同時期に、抵抗軍からも軍曹カイル・リースが、サラの護衛として未来から送り込まれ、時間の壁を越えた両軍の死闘が繰り広げられます。

この映画でのタイムトラベルに対して、劇中では特別な科学的な説明はありません。ただし、「因果律」に支配されている相対性理論の世界における「親殺しのパラドックス」56と呼ばれている過去へのタイムトラベルの困難な課題（時間順序保護仮説56）が含まれています。また、この映画で登場するタイムマシン55 56では、白い閃光とともに人物が裸で現れます。生命体しか転送（テレポーテーション）できないとの設定であり、2作目では、エネルギー球体カプセルの跡が周囲に残るような形で裸での転送がなされています。

ターミネーターT―800

「ターミネーター」
原題:The Terminator
製作:1984年　米国
監督:ジェームズ・キャメロン
主演:アーノルド・シュワルツェネッガー
配給:ワーナー・ブラザーズ

第5章 一般相対性理論の基礎

29 一般相対性理論の原理と検証は？

等価原理と一般相対性原理

特殊相対性理論では、慣性系での運動の相対性を、光の速度が不変であることを原理として解析しています。それを拡張した「一般相対性理論」（一般相対論とも呼ばれます）では、力や加速度が加わる加速度系での運動が座標系によらず相対的であるという「一般相対性原理」と、重力が慣性力と等価であるという「等価原理」の二つの原理を仮定しています。

等価原理は、ガリレイの落体の法則7にすでに暗に含まれており、ねじり秤を用いたエトヴェシュの実験8やパウンドとレブカによる電磁波の重力赤方偏移実験30で実証されてきました（上図）。

特殊相対性理論では、「時間」と「空間」が4次元時空としてまとめられ、結果として「質量」と「エネルギー」が等価であることが示されました。一般相対性理論では、物理の基本概念である「時間」、「空間」、「物質・エネルギー」の三つが統合され、物質・エネルギーにより時空が歪む複雑な座標系が作られ、様々な新しい現象が発見されてきました（下図）。

水星の近日点に関する軌道の変化が一般相対性理論に一致すること（1916年）40や、太陽の重力による時空の歪みが原因の光路変化を日食で観測したこと（1919年）39、重力により高低差での時間の違いやカーナビのGPS衛星の時間補正43などの実験検証が行われてきました。

さらに、アインシュタイン方程式からフリードマン方程式が導かれ宇宙の膨張47が確認されたことや、一般相対性理論の百年後に予測通りの重力波44の存在が確認されたことなど、宇宙の大規模な構造の理解が進んできています。最近では、ブラックホールの直接的な観測46もなされてきています。

一般相対性理論は、宇宙の未来を考えるのになくてはならない理論であり、宇宙の誕生やタイムマシンなどの夢物語にも、一般相対性理論は関わっています。

要点BOX
- 一般相対性理論は等価原理と相対性原理から
- 時空と質量（エネルギー）の概念を統合
- 時空の歪みが一般相対論特有の現象

一般相対性理論の「等価原理」の実証

ピサの斜塔での落体実験　7

エトヴェシュの実験（1906年ごろ）　8

重力赤方偏移　30

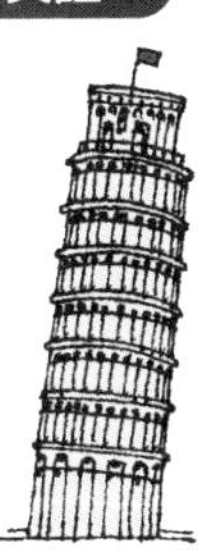

一般相対性理論の検証例

惑星軌道変化
水星の近日点変化（1916年）　40
重力による光路変化
皆既日食観測（1919年）　39
重力レンズ効果、重力マイクロレンズ効果　41
アインシュタインリングの観測　42
重力による時間の遅れ
惑星による衛信号の遅れ（シャピロ遅延）　40
22m高所での時間遅れ（1960年、パウンドとレブカの実験）　30
GPS（カーナビ）の補正　43
宇宙の膨張
ハッブルの宇宙膨張観測（1929年）　47
宇宙マイクロ波背景放射の観測（1964年）　47
重力波の存在
重力波（1974年間接的観測、二重中性子星）（2016年LIGO実験での直接的観測）　44
非常に重い星の構造（中性子星、ブラックホール）
ブラックホールの間接的証明（1972年、はくちょう座X-1（Cyg X-1）の連星観測）　45
ブラックホールの直接観測（2019年）　46

用語解説

一般相対性原理：加速度運動系を含めて、どのような座標系においても，物理法則は同じ形であるとの根本的な法則。

30 等価原理を検証する！

重力赤方偏移

天体からの光の波長が伸びて観測されることを、赤色の方向にずれるという意味で「赤方偏移」と言います。赤方偏移の原因は三つあります（上図）。第一は「運動学的赤方偏移」と呼ばれており、天体が相対的に観測者から遠ざかっている場合です。逆に近づく場合には光の波長が短くなり、青色偏移となります。これは動いている救急車のサイレンの音の変化のように、ドップラー効果で説明されます。第二は「重力赤方偏移」と呼ばれる現象であり、重力の強い場所から弱い場所へ発せられた光が観測者に到達するまでに波長が伸びることです。これは一般相対論の等価原理にも関連します。第三は「宇宙論的赤方偏移」と呼ばれる宇宙膨張の効果です。十分遠方の天体はすべて赤方偏移を示します。天体から発せられた光が地球に届く間に、宇宙空間が膨張するために光の波長が伸びるためです。

重力による赤方偏移の効果の最初の実験として、1960年に米国ハーバード大学のロバート・パウンドとグレン・レブカにより高さ22・5メートルの塔を利用した実験（下図）がなされました。自由に運動できる原子核から固有のガンマ線が放出され場合には、原子核が反対方向に動き（反跳し）、ガンマ線のエネルギーも減少します。しかし、結晶体状の束縛された原子核では反跳はなく、放出あるいは吸収されるガンマ線のエネルギーの減少もありません。無反跳のガンマ線が物体に共鳴吸収される現象は「メスバウアー効果」と呼ばれています。地上にガンマ線の線源を置き、塔の上部に吸収体と測定器を置くと、周波数の変化がないと測定器には信号が出ません。実際は、高所で重力が弱くなり重力赤方偏移が起きるので、吸収体を動かし青方偏移を加えることで、測定器の信号をゼロにできます。実験で得られた赤方偏移の大きさは5×10^{-15}であり、理論の予測値と10％の精度で一致することが確認されています。

要点BOX

- ●赤方偏移は3種：運動学的、重力、宇宙論的
- ●パウンドとレブカの実験は、メスバウアー効果を用いての重力赤方偏移の測定

赤方偏移は3種類

●運動学的赤方偏移

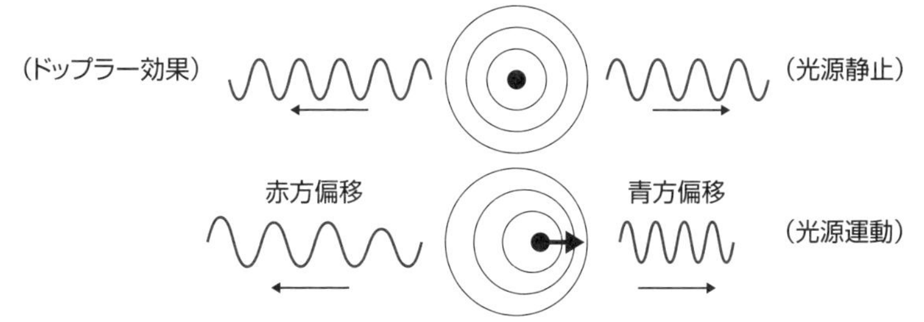

●重力赤方偏移

(一般相対論効果)

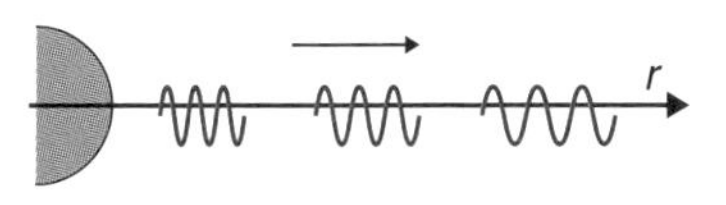

重力 大
(時間遅れる)

重力 小
(時間進む)

$$\frac{\Delta f}{f} = \frac{r_g}{2r}$$ (周波数変化Δfは半径rに逆比例)

$$r_g \equiv \frac{2GM}{c^2}$$ ：シュバルツシルト半径

●宇宙論的赤方偏移

(空間膨張効果)

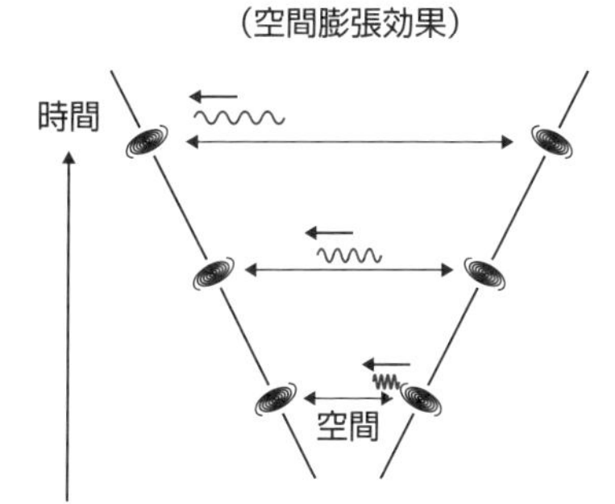

パウンドとレブカの実験(1960年)

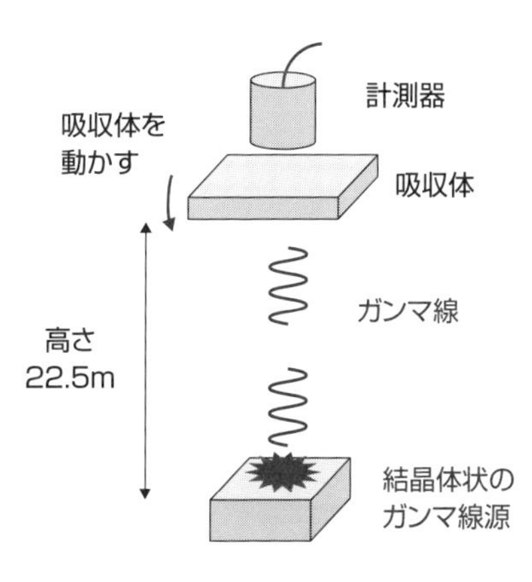

結晶体状のガンマ線放射線源とその吸収体の間に発生する共鳴吸収現象(メスバウアー効果)と、吸収体移動による青色偏移効果とを利用して、重力赤色偏移が測定されました。

31 慣性力と重力の違いは？

エレベータの思考実験

特殊相対性理論では、慣性系での運動を扱い、光の速度が不変で絶対・最大の速度となりました。一方、従来の理論ではニュートンの万有引力は瞬時に伝わることになっており、重力を含めた加速度系での相対性理論をどのように定式化するかが課題でした。

アインシュタインは、万有引力としての「重力」と加速度で定義される「慣性力」とは同等であるとの「等価原理」を用いて、定式化を試みました。この等価原理は、アインシュタイン自身が『人生最高の思いつき』と述べているエレベータの思考実験（頭の中で考えた実験）から着想されました。

エレベータの中でリンゴを持っている人を思い浮かべてください。上段左図のように地球でのエレベータが静止している場合（あるいは等速運動をしている場合）には、そのリンゴを手から離すと重力により床に自由落下します。一方、上段右図のように、無重力状態の宇宙空間でエレベータを上方に加速しても、リンゴは床に向かって落ちていくと想像されます。他方、下段左図のように、地球上でエレベータを吊るしているワイヤが突然切れた場合、エレベータは自由落下しますが、手から離れたリンゴはエレベータ内で宙に浮きます。また、下段右図のように、無重力の宇宙空間でエレベータが止まっている（あるいは等速運動をしている）場合にも、リンゴは宙に浮きます。

ここで、エレベータに乗っていてリンゴを手から離すとリンゴが浮いた場合、地球上でエレベータのワイヤが切れて自由落下してしまったのか、エレベータが宇宙空間で止まっているのか、窓のないエレベータに乗っいる人にはどちらなのかはわかりません。同様にリンゴが床に落ちた場合でも、それが地球での重力によるか、それとも宇宙でのエレベータの上昇加速運動によるかの区別はできません。これがアインシュタインの考えた等価原理なのです。

要点BOX
- ●等価原理はエレベータの思考実験から着想
- ●窓のないエレベータ内の人には、地球での重力と宇宙空間での加速力との区別は不可能

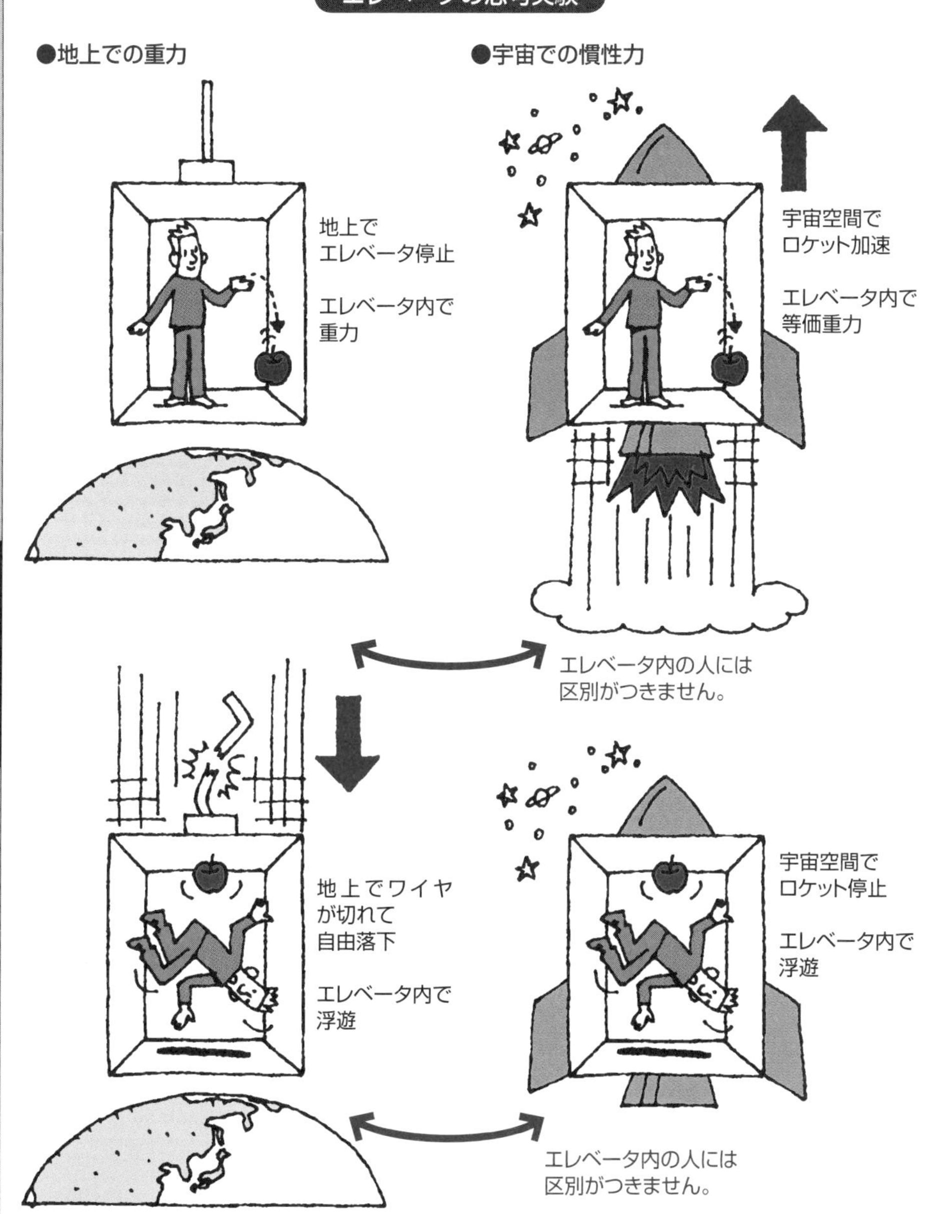

用語解説

思考実験：実際の実験を行わずに、理想的で単純化された現象を頭の中で想像する実験。相対論や量子論の原理の導入に用いられてきました。

32 重力で光が曲げられる？

重力と慣性力との等価原理

一般相対性原理の等価原理からは、光も重力で曲げられることが、エレベータでの思考実験から理解できます。宇宙空間で加速されているエレベータ内の現象とエレベータが静止して重力が加わっている現象とは同じであるとの等価原理の応用です。光も重力で落下することと空間が曲がっていること、そして、光は曲がった空間の最短距離を通ることが、基本法則となります。

宇宙空間に静止したエレベータの小窓から、光を水平に入射します。静止系から見て、光は水平に進みます。エレベータが加速している場合（非慣性系の場合）には、エレベータの最初の移動距離は小さく、時間が経つと移動距離は大きくなります。したがって、エレベータ内の人から見て、光は曲がって見えます（上図の右側）。エレベータ内の人には、等価原理から、加速による光の曲りは重力による光の曲りだと考えることができます。等速運動している場合（慣性系の場合）には、静止系から見て移動距離は時間に比例し単位時間当たり一定なので、エレベータ内の人から見て光は斜めに直進します（下図の右側）。

そもそも光は直進すると考えられてきました。空気から水への屈折現象でも、光は光学距離（経過時間）が最短の経路を通る（「フェルマーの原理」と呼ばれています）ので屈折します。重力がある場合には空間そのものが曲がっていて、光自身は曲がった空間上の最短距離を「直進」していることになります。慣性系の場合には空間は曲がっていないので光の経路が曲がることはありません。地球の重力ほどでは光の曲りの観測は困難ですが、太陽や大質量恒星、さらにはブラックホールなどでの強い重力の場合には、光の落下や空間の曲がりが観測されることになります。特に、アインシュタイン・リング42やブラックホール・シャドウ46などの特徴的な現象が観測可能となります。

要点BOX

- 等価原理から、慣性力、すなわち、重力により光は曲り、落下する
- 光は曲がった空間の最短距離を「直進」する

宇宙空間でのエレベータと光の思考実験

●加速度運動（非慣性系）

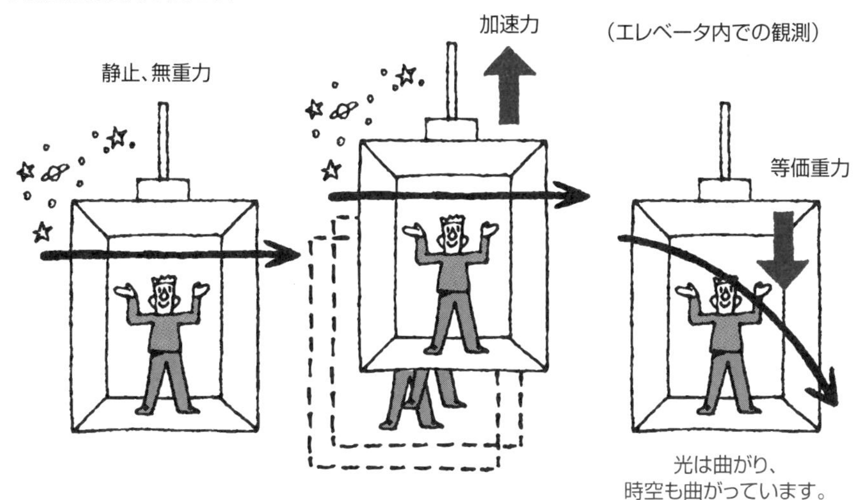

●等速度運動（慣性系）

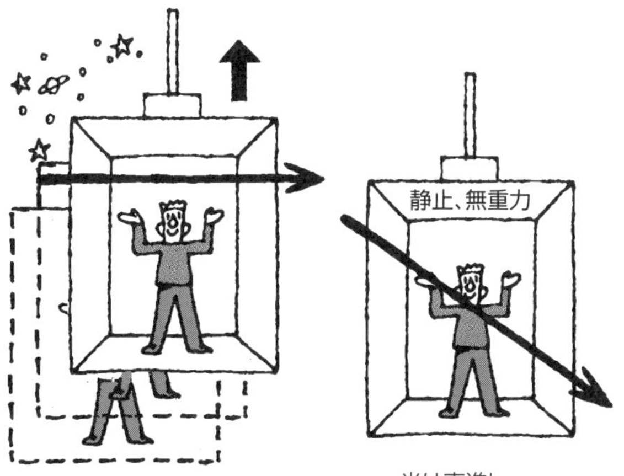

用語解説

等価原理：一般相対性理論の基礎となる原理であり、物体に加わる慣性力（慣性加速度）と重力（重力加速度）は局所的には区別できないこと。あるいは、同じ物体の慣性質量と重力質量とは常に等しいということ。

33 曲がった空間とは？

計量（メトリック）

ニュートンの万有引力は、質量を有する二つの物体の間に働く力であり、かつては瞬時に力が伝わると考えられていました。

一般相対性理論では、一つの物体により近傍の時空に歪みが生じ、その歪みが周辺に伝わって他の物体に影響を与えると考えられました。物体があることにより時空の歪みが起こり、それが他の物体との相互作用の力となっているとして、空間の幾何学が論じられるようになったのです。ここで、空間が曲がっている、曲がっていない、とはどのようなことでしょうか？

古代ギリシャ時代の数学者ユークリッドが確立した幾何学は、公理として『1本の直線上にない1点を通って、平行な直線はただ1本だけ存在し、もとの直線と交わることはない』という平行線の公理や、『三角形の内角の和は180度である』という三角形の公理などを基礎とした平坦な空間の幾何学でした。

一方、これらの公理に従わない幾何学（非ユークリッド幾何学）は、曲がった空間（楕円曲面や双曲面など）の幾何学です。例えば、球面では2点間の最短距離となる線（直線）は測地線と呼ばれ、平行な直線同士は2点で交わることになります（上図左側）。また、球面上に三角形を書いた場合には、内角の和は180度を超えることになります。一方、双曲面の場合には、三角形の内角の和は180度よりも小さくなります（上図右側）。

空間の各点で隣接した2点間の距離に相当する量が定義されます。これを「計量（メトリック）」と言います。たとえば、三次元ユークリッド空間では、直角座標(x, y, z)を用いれば、線素dsは$ds^2 = dx^2 + dy^2 + dz^2$であり、四次元のミンコフスキーの時空$(ct, x, y, z)$では、$ds^2 = c^2dt^2 - (dx^2 + dy^2 + dz^2)$で与えられます。この線素は、物体の「固有時」$\tau$とも関連しており、$ds^2 = c^2d\tau^2$で定義できます。

●ユークリッド幾何では平行線と三角形の公理
●メトリック（計量）で空間の幾何を定義
●運動している物質に関連する固有時

曲面の幾何学

●平面

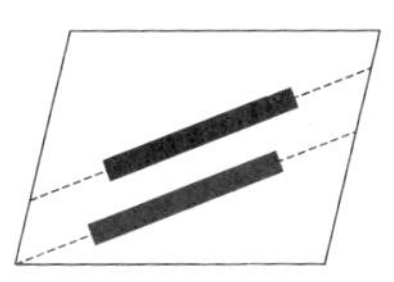

直線

平行線の公理
が成り立つ

平面の曲率 ＝ 0

●球面

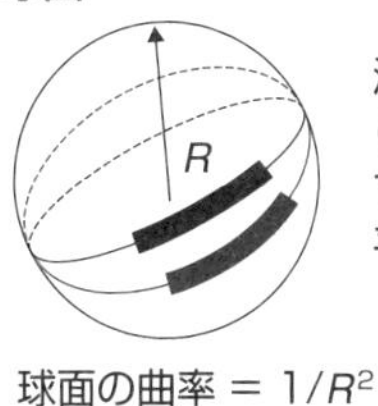

測地線
（球の中心を通る面
での最小距離の線、
平面での直線に相当）

球面の曲率 ＝ $1/R^2$

3 角形の内角の和

●平面

3角形の内角の和 ＝ 180度

●球曲面

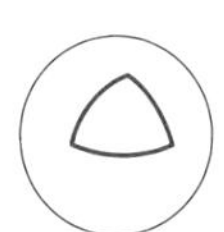

閉じた空間

3角形の内角の和 ＞ 180度

●双曲面

開いた空間

3角形の内角の和 ＜ 180度

計量（メトリック）の定義

3次元平面空間での線素(面の曲率 ＝ 0)

$$ds^2=dx^2+dy^2+dz^2$$

3次元球面での線素 (面の曲率=$1/R^2$)

$$ds^2=\frac{1}{1-r^2/R^2}dr^2+r^2(d\theta^2+\sin^2 d\phi^2)$$

3次元双曲面での線素 (面の曲率=$-1/R^2$)

$$ds^2=\frac{1}{1+r^2/R^2}dr^2+r^2(d\theta^2+\sin^2 d\phi^2)$$

平坦な4次元ミンコフスキー時空での線素

$$ds^2=(cdt)^2-(dx^2+dy^2+dz^2)=(cd\tau)^2$$

t：観測者の時間　　τ：物体固有の時間(固有時)

用語解説

計量テンソル：一般的な座標系で近傍の2点の座標を(x^0,x^1,x^2,x^3),$(x^0+dx^0,x^1+dx^1,x^2+dx^2,x^3+dx^3)$として、2点間の4次元距離の2乗は、一般的に次のよう書けます。

$$ds^2=\sum_{\mu=0}^{3}\sum_{\nu=0}^{3}g_{\mu\nu}(x)dx^{\mu}dx^{\nu}$$

ここで$g_{\mu\nu}$を計量(メトリック)テンソルと言います。時空の曲がりは計量テンソルで表現されます。

34 アインシュタイン方程式とは？

テンソルの方程式と斥力の宇宙項

特殊相対性理論では、慣性系の物理として、時間と空間、および、エネルギーと質量の各々が統合されました。一般相対性理論では、重力を含めた非慣性系の物理として、時空と質量・エネルギーとを統合することになります。

物質のエネルギーと運動量との分布の具合が、時空の曲がり決めることになります。これを数式で表したものが、有名な「アインシュタイン方程式」です。

1個の物体から他の物体への重力は重力ポテンシャルΦで表されますが、物体が多数分布している場合にはポアソン方程式が用いられます。これを4次元時空のテンソルの方程式に拡張した式がアインシュタインの方程式です(上図)。

時空の曲がりは曲率の概念で表されます。たとえば2次元の球面の場合には、球の半径の2乗分の1が曲率であり、球の半径が大きくなると曲率は小さくなり、平らに近づくことになります。

アインシュタイン方程式で使われているテンソルとは、時間1次元と空間3次元との4次元ベクトル(1階のテンソル)の概念を拡張した4×4の2階のテンソルであり、その成分は添え字μ、νで表されています。時空の曲りを表すのがリッチ曲率テンソル$R_{\mu\nu}$であり、それを決定するのがエネルギー運動量テンソル$T_{\mu\nu}$です(中図)。

宇宙の未来がどのようになるのかの疑問に対して、アインシュタインは定常的な宇宙を信じていました。彼の方程式からは宇宙の収縮しか得られません。そこで導入されたのが1917年の斥力としての「宇宙項」です(下図)。のちにハッブルにより宇宙が膨張していることが明らかとなり、後年、アインシュタインはこの宇宙定数の導入を『生涯で最大の過ち』として後悔したと言われています。現在では、宇宙の加速膨張の理解のためや、右辺に移項しての暗黒エネルギーの記述のために宇宙項が用いられています。

要点BOX
- ●アインシュタイン方程式では、物質・エネルギー分布が時空の曲がりを決定
- ●斥力としての宇宙項

ニュートンの法則の拡張

万有引力　$F = -m\nabla\phi = -\frac{GmM}{r^2}$

ϕ：重力ポテンシャル

ρ：物質の分布密度

万有引力の法則　$\phi = -\frac{GM}{r}$

↓

ポアソン方程式　$\Delta\phi = -4\pi G\rho$

↓

テンソルの00成分表示　$\Delta g_{00} = \frac{8\pi G}{c^4} T_{00}$

↓

テンソル方程式の表示　$R_{\mu\nu} - \frac{1}{2} g_{\mu\nu} R = \frac{8\pi G}{c^4} T_{\mu\nu}$　（アインシュタインの方程式）

アインシュタイン方程式

$G_{\mu\nu} = \kappa T_{\mu\nu}$　物質·エネルギー分布（右辺）が時空の曲がり（左辺）を決定します

$G_{\mu\nu} \equiv R_{\mu\nu} - \frac{1}{2} g_{\mu\nu} R$　：アインシュタイン・テンソル

$\kappa \equiv \frac{8\pi G}{c^4}$　：アインシュタイン重力定数

$R_{\mu\nu}$　：リッチテンソル（時空の曲率）

R　：スカラー曲率

$g_{\mu\nu}$　：計量テンソル（重力ポテンシャル）

$T_{\mu\nu}$　：エネルギー運動量テンソル

宇宙項の導入

$$G_{\mu\nu} + \Lambda g_{\mu\nu} = \kappa T_{\mu\nu}$$

時空の曲がり　宇宙項（斥力）　物質分布

Λ（ラムダ）：宇宙定数

万有引力だけでは、宇宙は膨張または収縮します。宇宙項を入れることで、静的宇宙や加速的膨張宇宙の記述が可能となります。

用語解説

宇宙定数：膨張も収縮もしない定常宇宙モデルのために、アインシュタインにより導入された定数。現在は、宇宙定数を含む宇宙項で、宇宙の加速膨張や暗黒エネルギーの評価に用いられています。

35 光も閉じ込める魔の天体とは？

シュバルツシルト時空

　重力とは時空の歪みであり、これにより光の進路も曲げられることが、一般相対性理論で示されました。非常に密度が高い天体の場合、重力が極端に強くなり、光（光子）をも引き付けて閉じ込めてしまいます。この天体は「ブラックホール」と呼ばれます。

　暗黒の天体の概念は、18世紀半ばにフランスの数学者で天文学者のピエール・シモン・ラプラスにより提唱されていました。その後、1916年のアインシュタインによる一般相対性理論により、理論づけがなされました。

　物体に加わる重力による位置エネルギーが運動エネルギーより大きくなると、物体が重力場から脱出することは不可能となります（上図）。物体の速度を光速 c に置き換えると天体の質量に比例する特徴的な半径が得られます。これはドイツの天体物理学者カール・シュバルツシルト（1873年〜1916年）にちなんで「シュバルツシルト半径」と言われており、この半径内からは光も飛び出すことはできず、天体は観測不可能となります。

　シュバルツシルトが用いた座標系では、この時空の近傍の二つの事象間の4次元的な間隔（線素）の2乗（計量）は、左頁の下図のように表されます。半径がシュバルツシルト半径の値となると、半径方向の線素の係数が無限大になることから線素が定義できなります。当初はシュバルツシルト特異点と呼ばれていましたが、実際には曲率が無限大になる特異点と異なります。現在は、この面は、回転や電荷をもたない球対称ブラックホールの場合に「事象の地平面」といいます。ブラックホールの外側からは、この線の内側は見ることができないという意味で、地平線（地平面）なのです。この線の内側に入ると、光も含めてすべての物質が外に逃げ出すことができなくなり、$r=0$ の中心特異点に落ち込みます。これが魔の天体としてのブラックホールなのです。

要点BOX
- 重力エネルギーが物体の運動エネルギーを超える面がシュバルツシルトの事象の地平面
- 球対称ブラックホールの中心に特異点

シュバルツシルトの時空

速度 v で質量 m の物体の
運動エネルギー E_K

$$E_K = \frac{1}{2}mv^2$$

天体（質量 M）での質量 m の物体の
重力エネルギー E_G

$$E_G = G\frac{Mm}{r}$$

シュバルツシルト半径 r_g

$E_K(v = c) = E_G$ から

$$r_g = \frac{2GM}{c^2}$$

G：万有引力定数
c：真空中の光速度

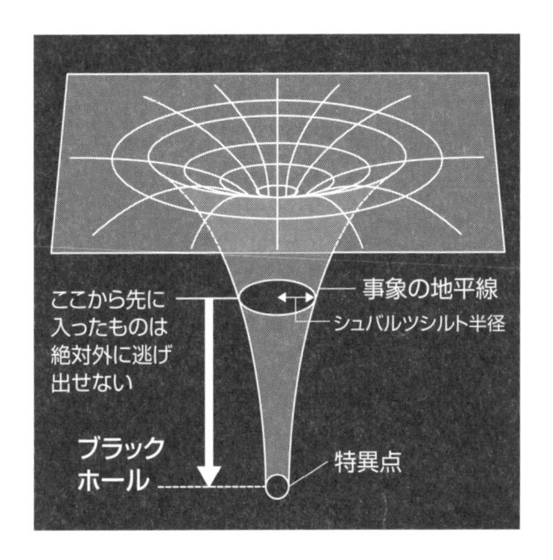

シュバルツシルトの計量（メトリック）

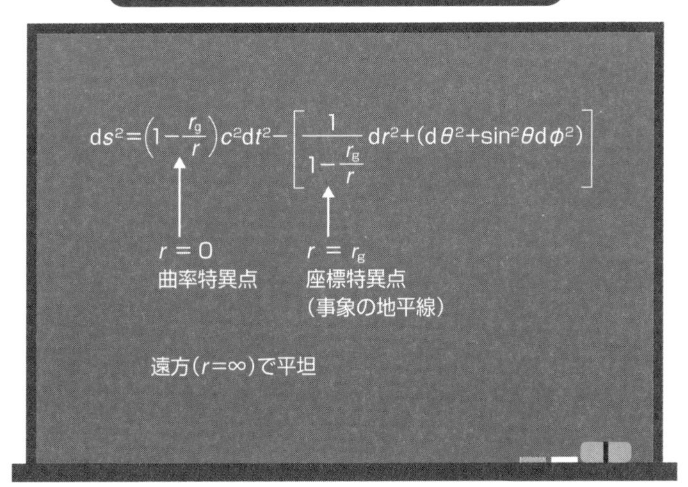

用語解説

特異点：時空の曲率が無限大になり、物理量が発散して、物理法則が適用できない時空の点。
（曲率特異点）物理的な本当の特異点。
（座標特異点）座標のとり方で特異点が消える見かけの特異点。
ブラックホール：重力がきわめて強いため、そこからは光さえ脱出することができない時空の穴。

36 ブラックホールには毛が3本？

質量、電荷、角運動量

重力により崩壊したブラックホールでは、初期には事象の地平面はデコボコであったと考えられますが、振動エネルギーが重力波として放出され、徐々に滑らかな面に変化していきます。中心に大質量の天体がある球対称で定常のブラックホールの解は、球対称で定常の「シュバルツシルト・ブラックホール」35です。

物質からブラックホールが作られると、物質の様々な性質が消えてしまい、外から観測できません。重力と電磁力だけを考えて、軸対称で定常で、漸近的に平坦で、かつ、事象の地平面の外側で特異点を持たない解は、質量、電荷、角運動量の3つのパラメータのみで完全に記述されることが証明されています。これはブラックホールの「無毛定理」や「脱毛定理」と呼ばれています。米国の物理学者ジョン・ホイラーが、『ブラックホールには毛がないので、互いに異なるブラックホールを区別できない』と述べたことに由来しています。ブラックホールは、質量、回転（角運動量）、電荷のたったの「3本の毛」で構造が決定されることがわかっています（上図）。

質量だけで決まる「シュバルツシルト・ブラックホール」では、球形の事象の地平面の中心に重力が無限大になる「特異点」ができていることになります。

質量と角運動量を持った解は、ニュージーランドの数学者ロイ・カーにちなんで「カー・ブラックホール」と呼ばれています。回転の効果のため、中心の特異点はリング状の線になり、事象の地平面の外側にエルゴ領域という遠方から見て回転している領域ができます。

一方、質量と電荷を持つブラックホールは「ライスナー＝ノルドストローム・ブラックホール」、3つすべての基本パラメータで規定される解は「カー＝ニューマン・ブラックホール」と呼ばれ、回転する電荷を持つ軸対称なブラックホールなのです（下図）。

要点BOX
- ブラックホールは質量、電荷、角運動量の3つの物理量のみで規定（無毛定理）
- 回転を伴うブラックホールの特異点はリング状

ブラックホールの3本の毛?!

物体がブラックホールの事象の地平面に落ち込むと、
ほとんどの情報は消失し、
3つの物理量(3本の毛)だけが残ります。

質量、電荷、回転(角運動量)

重力と電磁力の下では、唯一の軸対称定常解は
カー = ニューマン・ブラックホールです。

ブラックホールの分類

シュバルツシルト・ブラックホール

(質量)

事象の地平面

特異点

カー・ブラックホール

(質量、回転)

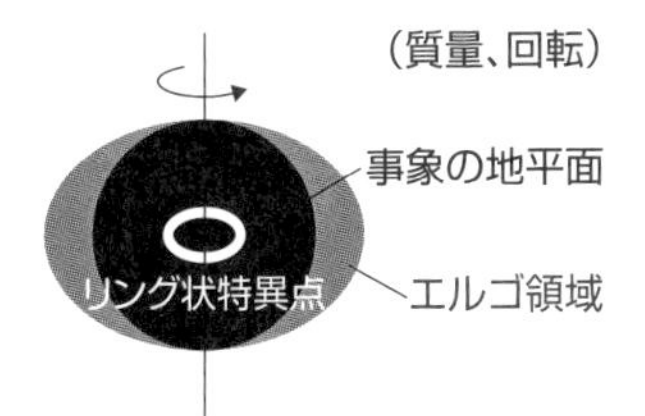

ライスナー = ノルドストローム・
ブラックホール　(質量、電荷)

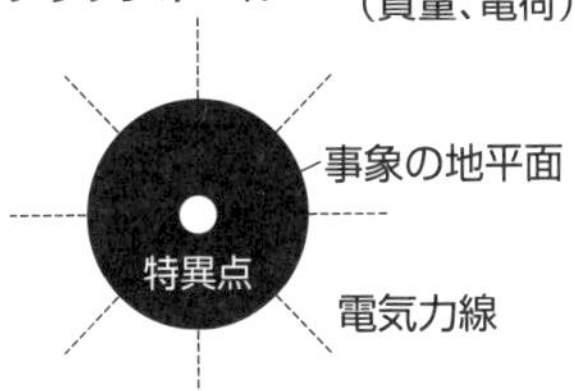

カー = ニューマン・ブラックホール

(質量、電荷、回転)

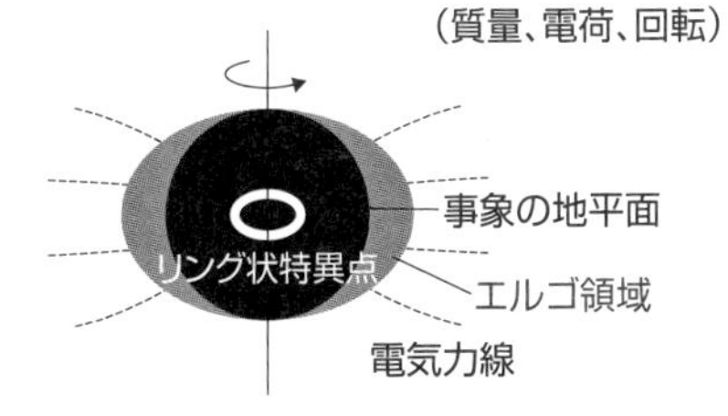

用語解説

無毛(むもう)定理：重力と電磁気力のみを考慮した場合、ブラックホール解は、質量、電荷、角運動量の3つの物理量だけで記述できるという法則。その他の全ての情報は、事象の地平面に落ち込むと消失して、外部から観測されません。

37 フリードマン方程式と宇宙の膨張？

FLRW計量

宇宙論において、『宇宙には中心も端もなく、宇宙空間の各点は本質的に同等である』と考えることができます。これは「宇宙原理」と呼ばれています。宇宙が大域的に見れば、一様かつ等方であることを意味しています。およそ数十メガパーセク（＝3千万光年）のスケールで平均すれば成り立っているといえます。

例えば、宇宙マイクロ波背景放射の温度が4桁の精度で等方的であるのは、私たちの宇宙で宇宙原理が成り立っている証拠となります。

この宇宙原理に従って、フリードマン＝ルメートル＝ロバートソン＝ウォーカー計量（FLRWメトリック）が得られ、アインシュタイン方程式を宇宙全体に適用して、1922年にロシアのフリードマンが膨張する時空の運動方程式を見つけました。

宇宙の相対的な大きさを示すスケール因子を$a(t)$として、現在の時刻t_0での値を1とすると、上図下段の様な「フリードマン方程式」となります。式には、宇宙の密度ρ（ロー）、宇宙の曲率κ（カッパ）と宇宙項Λ（ラムダ）が含まれています。規格化したスケール因子の膨張率は「ハッブル定数」と呼ばれ、1929年エドウィン・ハッブルによりほぼ一定であることが示されました。ハッブル定数の逆数はハッブル時間と呼ばれており、宇宙の年齢として、およそ138億光年となります。

宇宙の大きさの時間発展は、ハッブル定数H、密度パラメータΩ、曲率κ、宇宙項Λの4つの「宇宙論パラメータ」で決まります。

宇宙の時空が平坦（κがゼロ）として、宇宙の密度が低い場合には膨張が続きますが、極端に物質が多くて宇宙の密度が高い場合には、宇宙は収縮してしまいます（下図）。

現在の私たちの宇宙は、宇宙項をとり入れた加速膨張モデルに一致していると考えられています。

要点BOX

- ●フリードマン方程式による宇宙の膨張
- ●ハッブル定数、密度パラメータ、宇宙曲率、宇宙項の宇宙論パラメータで宇宙の膨張を予測

フリードマン方程式

現在の
物質分布

スケール因子 $a(t_0)$

膨張

未来 $a(t)$

宇宙は一様で等方である
との仮定(宇宙原理)から
得られる方程式

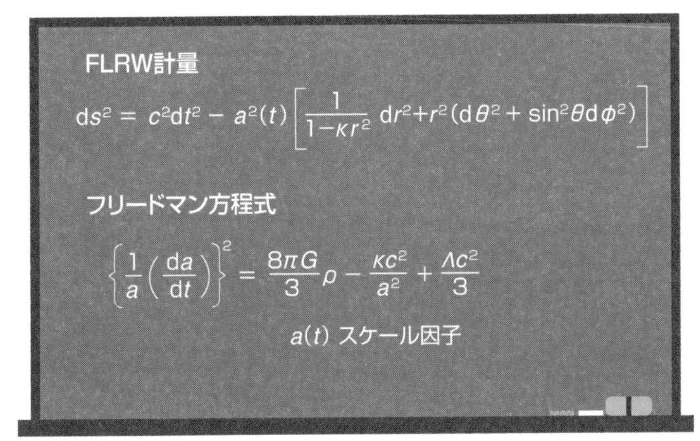

G　万有引力定数
ρ　宇宙の密度
κ　宇宙の曲率
Λ　宇宙定数
c　光の速さ

宇宙の膨張

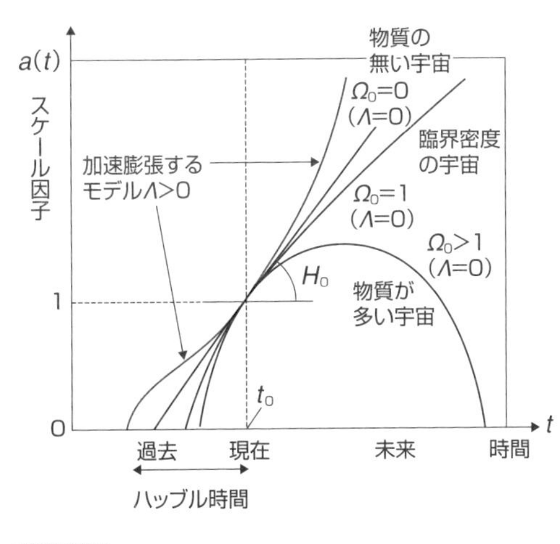

宇宙の膨張は、以下の4つの
パラメータで決まります。

ハッブル定数 $H_0 = \frac{1}{a}\left(\frac{da}{dt}\right)\Big|_{t=t_0}$

密度パラメーター $\Omega_0 = \frac{\rho_0}{\rho_{c0}} = \frac{8\pi G\rho_0}{3H_0^2}$

臨界密度 $\rho_{c0} = \frac{3H_0^2}{8\pi G}$

宇宙の曲率　κ
宇宙定数　Λ

用語解説

FLRW計量：一様で等方な物質分布のもとで、膨張または収縮する宇宙モデルを示す計量(無限小の時空の距離)であり、一般相対性理論のアインシュタイン方程式の厳密解の一つです。フリードマン、ルメートル、ロバートソン、ウォーカーにより独立に導出されました。

Column

過去も未来もタキオンで見る？

タイムトラベル映画⑤「トゥモローランド」（2015年）

ディズニーランドのテーマパークとして、ファンタジーランドやアドベンチャーランドにならんで、故ウォルト・ディズニーの未来への夢が詰まったトゥモローランドがあります。映画「トゥモローランド」のキャッチコピーは「未来を変えろ！今、人類の未来をかけた壮大な冒険が始まる。」であり、ジョージ・クルーニー主演（フランク役）のディズニー映画です。

物語は、1964年のニューヨークでの万国博覧会でのフランクの子供時代から始まります。謎の美少女アテナからもらったピンバッチで、異次元世界のトゥモローランドに旅することになります。フランクは、そこで20年近くモニター機器の発明を行うものの、未来に希望が持てなくなり、トゥモローランドから追放されてしまいます。

一方、宇宙への夢を諦めない高校生のケーシーは、NASAのスペースシャトル計画の終了に抗して、打ち上げ設備の解体の妨害を続けており、アテナに選ばれてピンバッチを手にし、トゥモローランドの存在に気づき、憧れます。そして、トゥモローランドを追放されたフランクと出会い、エッフェル塔からの謎のロケット発進により、異次元世界のトゥモローランドに旅立つことになます。

しかし、そこで核戦争や環境破壊などで破壊された地球の未来を見せられ、58日後に地球の最後が来ることを知らされます。『人間の残酷さを感じるとともに、地球を救う夢をあきらめない人こそ大切』とケーシーは考え、諦めずに夢見る人の絆を、ピンバッチで作り上げる行動を始めることになるのです。

トゥモローランドでは、超光速粒子「タキオン」59を用いて、地球の未来や過去を見ることができます。また、パラレル・ワールド64として、地球の未来のホログラフィの映像の中（ホログラフィック宇宙？）を進むこともできる夢の世界なのです。

映画の中のトゥモローランド

「トゥモローランド」
原題：Tomorrowland
製作：2015年　米国
監督：ブラッド・バード
主演：ジョージ・クルーニー
配給：ウォルト・ディズニー・スタジオ・モーション・ピクチャーズ

第6章

一般相対性理論の検証と応用

38 光を使って時間を測る？

原子時計と光時計

現在一番普及している腕時計は、水晶の振動を利用した「クォーツ時計」です。1秒で3万2千768回(2の15乗回)振動する水晶振動子を利用しています。一般的なクォーツ時計の精度は、6桁～7桁程度であり、百万秒(十日)から千万秒(百日)につき1秒ずれることになります。

より精度が高い「電波時計」では、原子時計により作られている正確な時刻情報を標準電波として受信して、クォーツ時計の誤差を修正する時計です。

クォーツ時計よりも高精度な時計として「原子時計」があります。原子や分子からの特定の電磁波(マイクロ波領域)の振動を時間の基準とする時計であり、精度は小型で11桁(3千年に1秒)、高性能時計では15桁(3千万年に1秒)ほどです(上図)。セシウム133の固有振動数は、1秒あたり91億9263万1770回です。かつては地球の公転周期から1秒が定義されていましたが、1967年以降はこのセシウム原子時計により日本標準時が作られています。

さらに高精度の時計として、原子またはイオンの基底状態と励起状態との光遷移の周波数をもちいた「光時計」があります。光はマイクロ波に比べて周波数が5桁高く、ストロンチウムでは400兆回以上の固有振動が用いられ、300億年に1秒しかズレない時計が可能となります。

単一イオン光時計では、絶対零度近くまで冷却された一個のイオンを電場ポテンシャルに閉じ込めて(イオントラップ法)、百万回もの計測を繰り返します(下図)。一方、光格子時計では、レーザー光を複数方向から当てて光の格子をつくり、原子を閉じ込めます。多数の原子が吸収する光の周波数を同時に計測します。

高精度の光時計により、一般相対論での重力の違いよる時間の遅れ(15m高所では3日間で0・4ナノ秒進む)を実証することが可能となっています。

要点BOX
- 原子時計は3千万年に1秒、光格子時計では3百億年に1秒しかズレない
- 光時計により重力差による時間の違いを実証

時計の種類

機械式時計
クォーツ時計　精度　数百ナノ秒（$10^{-7\sim-6}$秒）
電波時計
原子時計　　　精度　フェムト秒（10^{-15}秒）
　　セシウム原子時計
　　ルビジウム原子時計
光時計　　　　精度　アト秒（10^{-18}秒）
　　ストロンチウム光格子時計
　　イッテルビウム光格子時計

光時計の仕組み

●単一イオン光時計　　●光格子時計

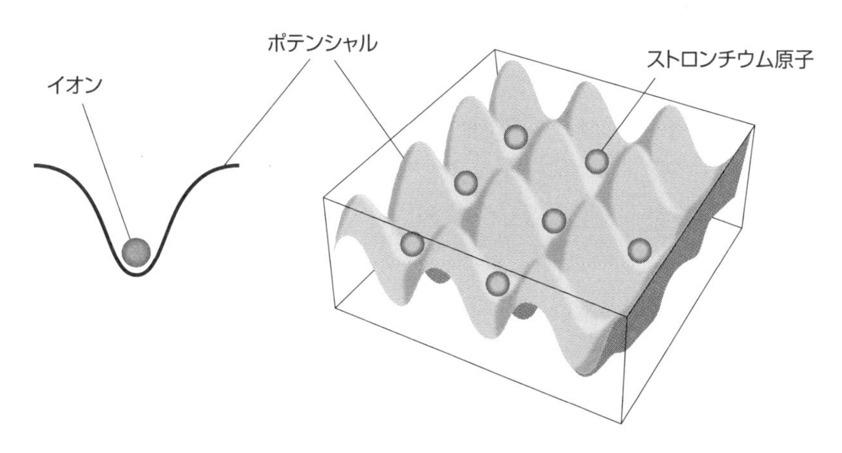

1個のイオンを閉じ込め、
光の固有振動数を何百万回も
計測します。

複数本のレーザーの干渉によって、
卵のパックのような原子の容れ物（＝光格子）を作り、
その中に原子を1個ずつ入れ、同時測定を行います。

用語解説

光時計：原子時計は、原子や分子の特定の遷移スペクトル線の周波数（マイクロ波領域）を基準として用いる時計ですが、光時計とは、光の周波数帯を使った原子時計に相当します。

39 日食での観測で実証された！

エディントンの日食遠征隊（1919年）

一般相対性理論は1915年から1916年にかけてアインシュタインが提唱しました。その実験的検証の1つが太陽近傍での光の曲りです。1919年に英国の天体物理学者アーサー・エディントンが率いる日食遠征隊が西アフリカで太陽近傍に見える星の観測を行いました。

アインシュタインの一般相対性理論によれば、強力な重力により光の進路が曲げられるので、近くに太陽がある場合とない場合とでは、地球から観測される星の位置が、見かけ上、異なることになります。

太陽近傍を通過する光は、太陽からの光が隠される皆既日食のときだけ観測可能です。筆者も南米の国際会議の期間中に皆既日食を見た経験がありますが、昼にもかかわらず肉眼で鮮明に星の光が見えます。エディントンの遠征隊は、日食のときに現れる星の位置と半年前の位置とを比較して、太陽が近くに見える場合には星からの光が太陽の重力で曲げられることを確認したのです。

太陽近傍を通る星の光は、太陽の重力で曲げられるので、地球から見たときには太陽から少し遠ざかって見えます（上図）。太陽の半径の2倍の場所では、地球から見ての光の屈折角はおよそ1秒です。角度1度の60分の1が1分で、更に60分の1が1秒ですので、角度1秒は1度の3600分の1です。

一般相対性理論では、光の屈折角は太陽中心と星との間のなす角に反比例して小さくなります。太陽の質量と重力定数から定まるシュバルツシルト半径35は3キロメートルですが、それと太陽の半径（およそ70万キロメートル）との比の2倍が、地球から見ての光の屈折角に相当します。太陽の縁を通過した光の屈折角は百万分の9ラジアンとなり、およそ1・8秒に相当します。

実際の観測結果はこの理論値とよく一致していること（下図）が確認されています。

要点BOX
- 天体の重力により、光が曲げられる
- エディンﾄンによる日食時の星の光の観測
- 屈折角は太陽中心からの距離に反比例

エディントンによる日食での星の観測（1919年）

●太陽重力による光の屈折

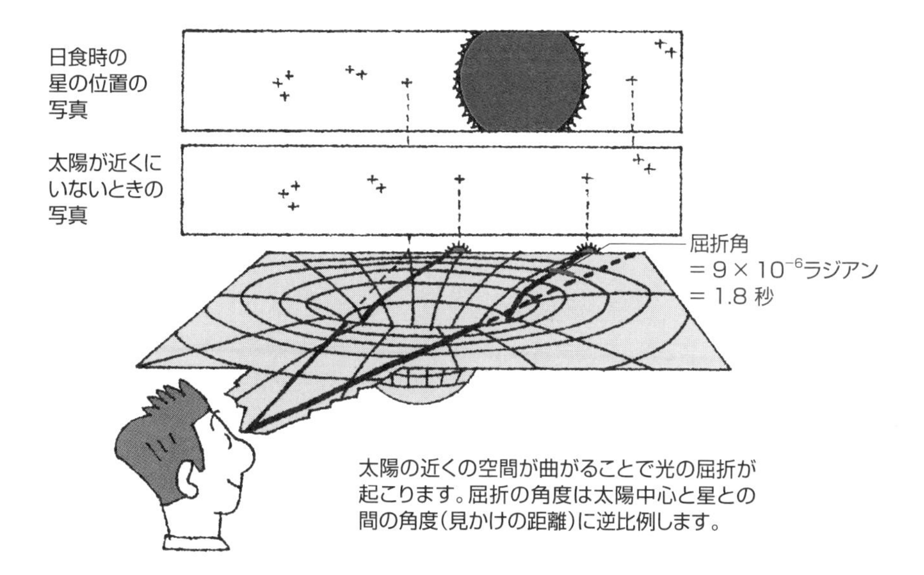

●エディントンの実験結果

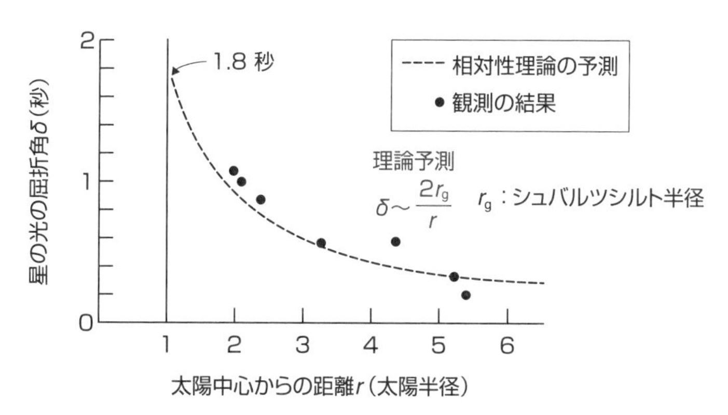

エディントンの日食遠征隊による観測結果は、
アインシュタインの一般相対性理論とほぼ一致しました。

用語解説

アーサー・エディントン（1882年〜1944年）：イギリスの天体物理学者であり、皆既日食観測によりアインシュタインの一般相対性理論の正しさを証明したことで有名であり、星の質量と光度の関係（エディントン限界光度）の発見や、恒星のエネルギー源が核融合であることを最初に示唆するなど、多くの業績を残しました。

40 惑星の軌道が変化する？

近日点移動とシャピロ遅延

前項では重力が光の伝播におよぼす影響を述べましたが、重力場中での天体の運動に対しての一般相対性理論からの補正について考えます。

ケプラーの第2法則では惑星は楕円運動をするとされていますが、ニュートンの万有引力の法則からも導かれます。恒星のまわりに1個の惑星しかなければ、恒星に最も近づく点（近日点）は動きませんが、他の惑星の万有引力の効果も含めると近日点が移動します（上図）。太陽に最も近い水星の近日点移動は、百年間で575秒です。ニュートン力学での予測では532秒であり、そのうちの8％の40秒ほどの差がありました。一般相対性理論による追加の補正効果として43秒が得られており、アインシュタインの理論の正しさが検証されてきました。地球の場合には、観測値はは百年間で1145秒ですが、そのうちの0・5％の5秒ほどが相対論効果であると考えられています。

一般相対性理論の他の検証例として、天体近傍を通過する通信衛星からの信号が遅れる現象があげられます。1965年にアメリカの天体物理学者シャピロによりなされた実験です。これは歴史的には一般相対性理論の第4の古典的検証法と呼ばれており、(1)太陽の重力による光の曲り39、(2)近日点移動、(3)重力による赤方偏移30、に続く検証実験でした。

レーダー信号は惑星で反射されて地球に戻ってきます。人工衛星からの周期的なレーダーエコー信号の往復時間を観測することで、重力の起源としての時空の歪みによる時間遅れが確認できます。地球と金星を結ぶ直線上に太陽の縁がきたとき（「外合」と呼ばれる現象）に信号伝播の遅れが明確に観測され、一般相対性理論の正しさが検証されてきました。下図に示した結果は、レーダー技術の進展と原子時計の発明により、1970年になされた実験であり、「シャピロ遅延」効果とも呼ばれています。

要点BOX
- ●水星の近日点移動の一般相対論効果
- ●太陽近傍での重力場による電磁波信号の遅れ（シャピロ遅延）

水星の近日点の移動

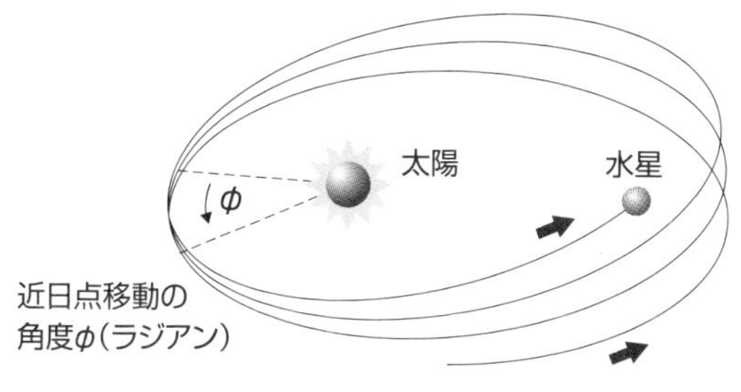

100年の移動角度(575秒) =
他の惑星の効果(532秒)
+ 太陽重力による相対論効果(43秒)

相対論的効果分

$$\frac{\Delta\phi}{2\pi} = \frac{3}{2}\frac{r_g}{a(1-e^2)} \quad r_g \equiv \frac{2GM}{c^2}$$:シュバルツシルト半径

a:楕円の長半径

e:楕円の離心率

太陽重力による光伝播の遅れ

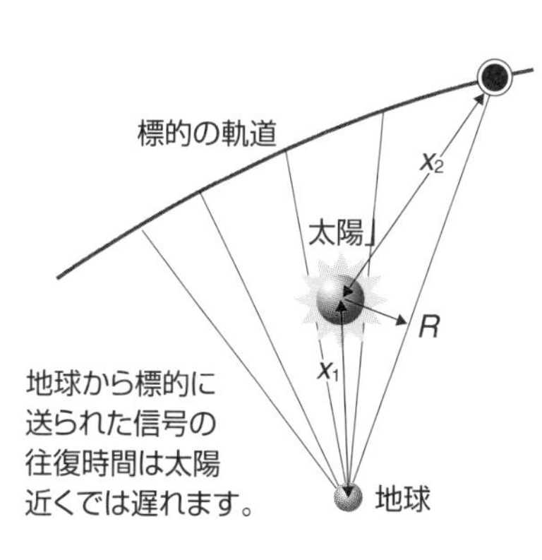

地球から標的に送られた信号の往復時間は太陽近くでは遅れます。

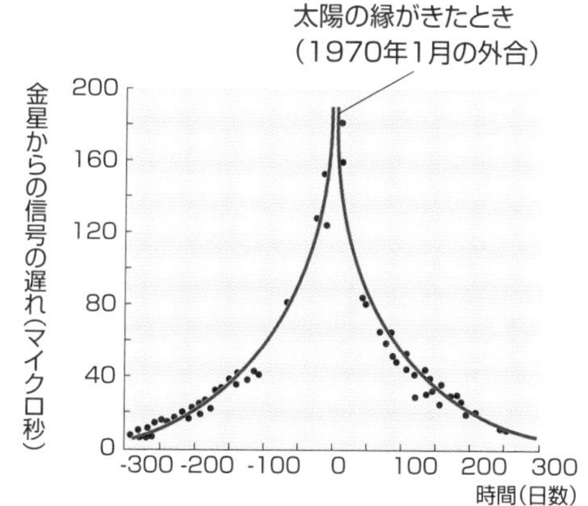

シャピロ遅延
相対論的効果分 $\Delta t \approx \frac{r_g}{c}\log\left(\frac{4x_1x_2}{R^2}\right)$

軌道	時間遅れ
地球→太陽 太陽回り 太陽→金星	53 μs 15 μs 27 μs
合計(2倍)	190 μs

用語解説

一般相対性理論の古典的検証:古典的で有名な4つの検証実験があります。(1)水星の近日点移動(アインシュタイン、1915年)、(2)日食時の星の光の曲り(エディントン、1919年)、(3)重力赤色偏移(パウンド・レプカ、1960年)、(4)シャピロ遅延(1965年)。実験(3)と(4)は一般相対論のアインシュタイン方程式の検証というよりは、等価原理の検証実験となっています。

41 宇宙での蜃気楼とは？

重力レンズ効果と重力マイクロレンズ効果

空気中から水に光が入ると光路が曲げられますが、空気の密度の違いにより光が曲がる現象が蜃気楼です。海面近くに冷たくて密度の濃い空気があり、上方に暖かくて密度の薄い空気がある場合には、見えないはずの外国の建物が見えたりします。これは、富山湾でよく観測される「上方蜃気楼」です（上図）。逆に、上方が冷たくて空気密度が高い場合には高い建物が下方に見え、下方蜃気楼と呼ばれています。

宇宙でも蜃気楼のような現象が発生します。一様な媒体中や真空中では光が直進しますが、大きな質量の物体やエネルギーがある場合には、時空の場がゆがめられ、地上の蜃気楼のように光が曲げられます。地上の蜃気楼は平面的な層状の空気の密度差による屈折効果ですが、宇宙の蜃気楼は真空中での大質量銀河などの球状の強い重力場による屈折効果であり、「重力レンズ効果」と呼ばれています（中図）。

大質量銀河のようにレンズ効果が非常に大きい場合には、遠方にあるクエーサー（宇宙の果てにある準恒星状電波源）からの光が銀河に隠されていることがあり、そこからの光は銀河の重力に曲げられて地球に届き、多重の像を作ります。特に、重力レンズ効果により円環状もしくは弧状に見える像は、アインシュタイン・リング42と呼ばれています。

レンズ効果が非常に小さい星の場合には、光の曲がりではなく、光の明るさに変化が現れます。遠方の星を観測している場合、小さなレンズ星が視線を横切るときに、光源星からの光が集められて明るく輝いているように見えます。これは「重力マイクロレンズ効果」と呼ばれています（下図）。レンズ星のまわりを惑星がまわっている場合には、通過するレンズ星による輝度のピークの上に、その惑星によるマイクロレンズ効果で星の明るさの小さなピークも観測されます。これにより、惑星の存在を確認することもできます。

要点BOX
- 重力でレンズのように光の経路が曲げられる
- 強い重力の場合アンシュタインリングが出現
- 小さなレンズ星の通過で光源星の輝度が増大

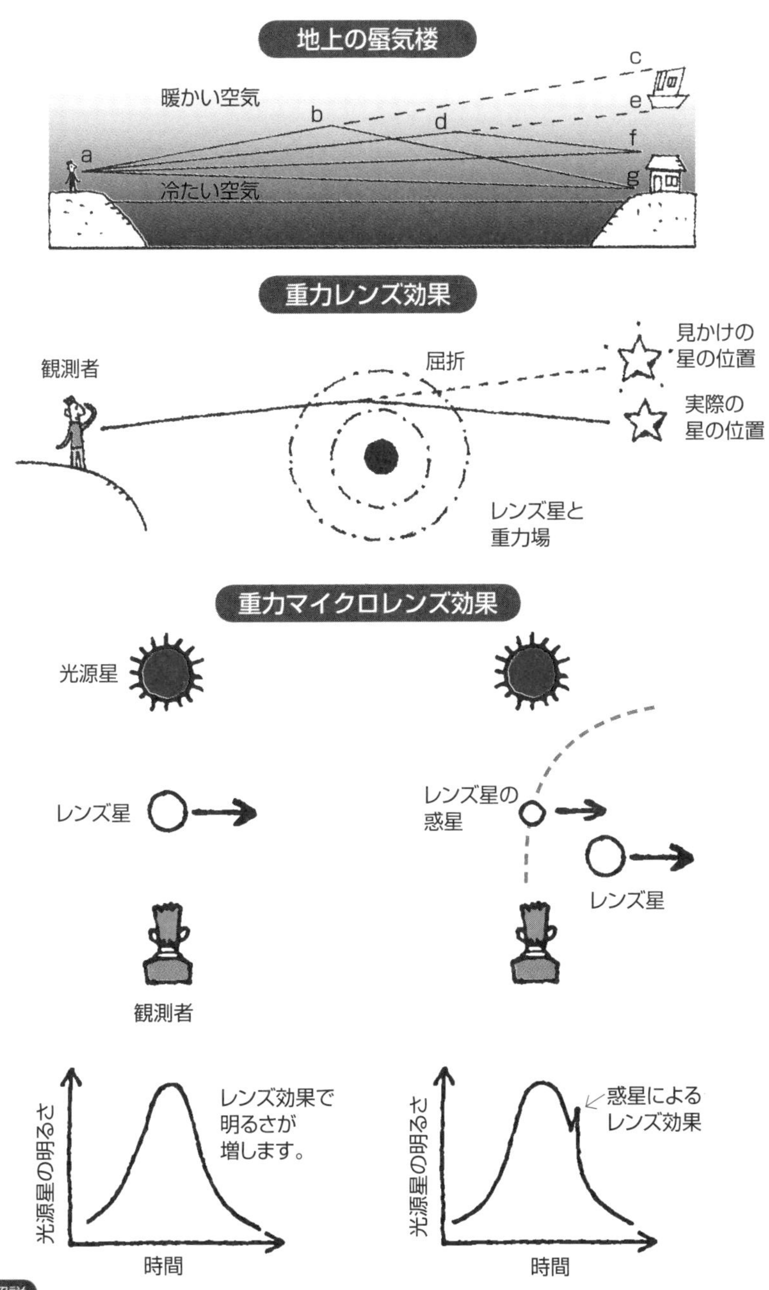

用語解説

重力マイクロレンズ効果：強い重力レンズ効果と異なり、偏向角がわずかで画像としては変化が観測できないが、光の輝度が増すことで観測可能な重力レンズのこと。

42 宇宙での光リング？

アインシュタイン・リング

太陽からの重力は、地上で生活している限りは、さほど気にかかりません。潮の満ち引きで大潮、小潮がありますが、月と太陽との引力が重なった場合に大潮となります。

しかし、巨大な太陽の近傍では大きな重力が働いています。仮に、太陽表面に立ったとしたならば、地球のおよそ30倍の重力があり、周りを旋回するには地球の100倍以上の距離を、この重力に打ち勝って進む必要があります。

さて、アインシュタインは、一般相対性理論で、重力により光の進行が曲げられる「重力レンズ効果」を予言しました。この太陽の偉大な重力を利用して、相対性理論のさまざまな検証がなされてきました[30][39][40]。太陽の重力は偉大です。太陽は、地上では検証できない新しい現象を明らかにしてくれる自然の実験室なのです。

巨大な質量を有する銀河の集り（銀河団）がある場合には、後方からの光を観測することができません。しかし、遠方なのに非常に明るい天体の場合には、光が重力レンズ効果で地球に届きます。特に、強い重力レンズ効果の場合には、多重の像を作り、円環状もしくは弧状のアインシュタイン・リングと呼ばれる像を作ります。左頁の上図はNASAのハッブル宇宙望遠鏡で撮影された写真です。

アインシュタイン・リングの生成メカニズムを下図に示します。極めて遠方でありながら非常に明るく輝いて見える天体はクエーサー（準恒星状天体）と呼ばれており、クエーサーからの光がリング状の光として地球に届きます。アインシュタイン・リングの円の半径は、アインシュタイン半径と呼ばれており、アインシュタイン角度もシュバルツシルト半径を使って定義できます。重力レンズを起こす手前の天体（レンズ天体）の質量Mが大きいほど、光の曲がりが大きくなり、アインシュタイン半径は大きくなります。

要点BOX

- ●大規模銀河による強い重力レンズ効果で、アインシュタイン・リングが生成
- ●リング半径はレンズ天体質量の平方根に比例

アインシュタイン・リングの観測

ハッブル望遠鏡の写真　NASA

https://www.nasa.gov/image-feature/goddard/2018/hubble-finds-an-einstein-ring

アインシュタイン・リングの生成メカニズム

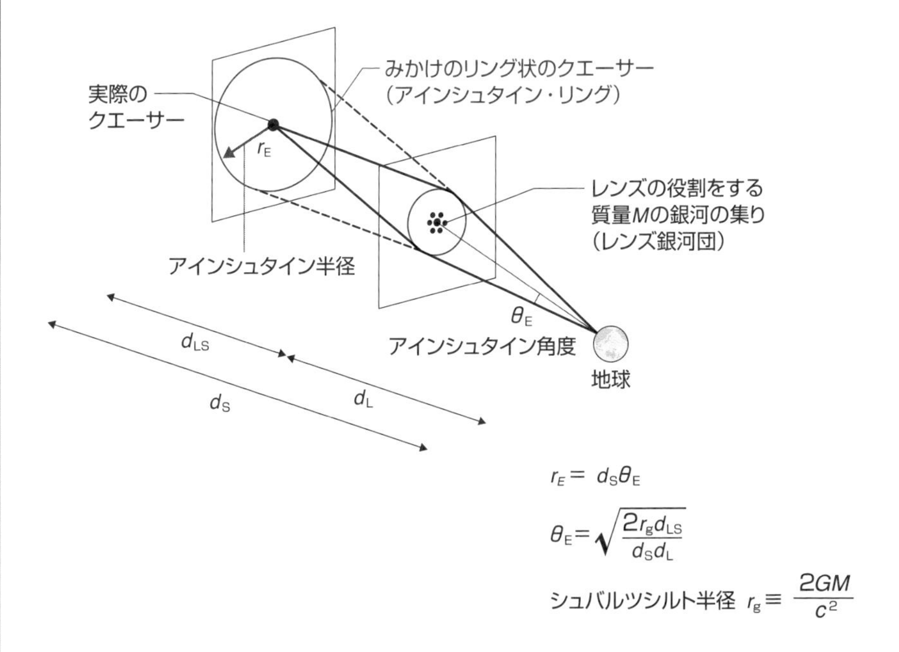

$$r_E = d_S\theta_E$$

$$\theta_E = \sqrt{\frac{2r_g d_{LS}}{d_S d_L}}$$

シュバルツシルト半径 $r_g \equiv \dfrac{2GM}{c^2}$

用語解説

アインシュタイン・クロス（十字架）：重力レンズによって天体の像が分裂して、リングでも円弧でもなく、十字架に見える場合があります。現在までに、数例しか観測されていません。

43 カーナビで相対論補正は必要か？

特殊相対論効果と一般相対論効果

カーナビで用いられているGPSはグローバル・ポジショニング・システム（全地球測位システム）の略語であり、GPS衛星は約2万キロメートルの高度（地球の中心から地球半径の約4倍の距離）を一周約12時間で動いている「準同期衛星」です。

GPS衛星の固有時τと地球時tとの差については、特殊相対性理論（2次ドップラー効果）と一般相対性理論（重力赤色偏移効果）の両方の効果を考える必要があります（上図）。

GPS衛星は毎秒3・9キロメータの高速度で動いており、GPS衛星上での時間は地表より1秒あたり84ピコ秒だけ遅れます。ここで、1ピコ秒は1兆分の1秒です。一方、地球表面とGPS衛星との高度差による重力ポテンシャルの差により、衛星時は地球時より531ピコ秒だけ早く進みます。2つの効果を合わせて、1秒あたり445ピコ秒だけ進むことになり、あらかじめ衛星搭載時計の周波数をこの差の分だけ補正して、協定世界時（UTC）と同期させています。

GPSの時間精度は1億分の1秒（3年に1秒）ほどで十分です。しかし、1日（およそ10万秒）自動車を動かしたときの距離精度を30メートルとするためには、1日の光の進む距離で割って、1兆分の1（3万年に1秒）の誤差精度の時計が必要となります。GPS衛星には周波数安定度が1兆分の1以上の高精度な原子時計が搭載されています。

一般に、人工衛星では、重力と遠心力とが釣り合って、落下せずに一定の円運動を描きます。速度は地球中心からの半径の平方根に反比例し、周期はその半径の平方根の3乗に比例します。GPS衛星や1周が24時間で常に同じ上空に見える「静止衛星」では、一般相対性理論の補正が勝りますが、一方、高度3千キロメートル以下のほとんどの人工衛星では、特殊相対性理論の補正が勝っています（下図）。

要点BOX
- ●GPSの時計は1秒で−445ピコ秒の補正
- ●特殊相対論から1秒で84ピコ秒遅れ、一般相対論から527ピコ秒進む

GPS(全地球測位システム)衛星

GPS衛星は6つの軌道に各々4個

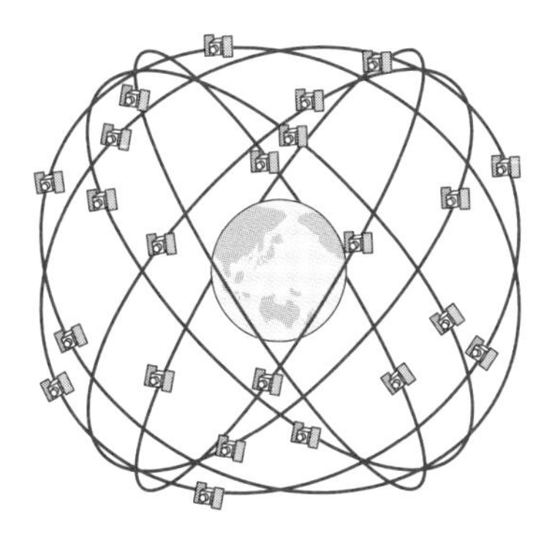

高度：約2万2百キロメートル
速度：毎秒約3キロメートル
周期：12時間(準同期軌道)

速度大：時間遅れ(特殊相対性理論)

$$-\frac{1}{2}\left(\frac{V}{c}\right)^2 = -0.84\times10^{-10}$$

重力弱：時間進み(一般相対性理論)

$$\frac{\Delta U}{c^2} = 5.31\times10^{-10}$$

合計 4.47×10^{-10}

$$(\text{衛星固有時}) = [1-\frac{1}{2}\left(\frac{V}{c}\right)^2+\frac{\Delta U}{c^2}]\times(\text{地球時})$$

地上から見た衛星の固有時

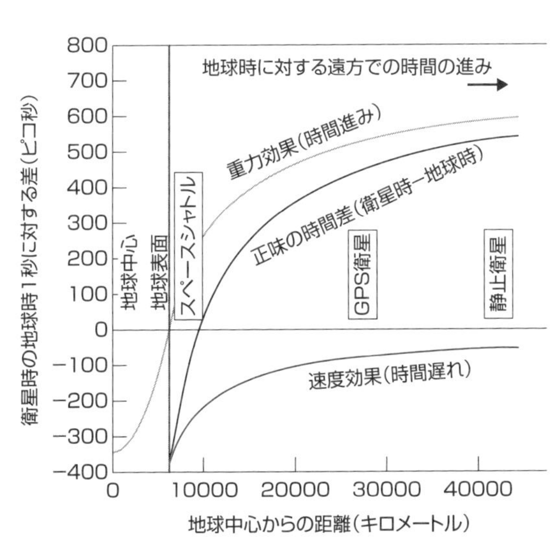

高度3000km以下(地球中心から9400km以下)の低軌道衛星では、特殊相対性理論の時間遅れが勝ります。
国際宇宙ステーション(ISS)をはじめ、ほとんどの人工衛星は、地表より時間が遅れています。

GPS衛星や静止衛星では、一般相対性理論による時間の進みが勝っています。

用語解説

同期軌道と準同期軌道：地球の自転周期と衛星の公転周期が等しい軌道が同期軌道であり、その衛星を同期衛星と呼びます。一方、準同期軌道とは、公転周期が地球の自転周期の2分の1（11時間58分）に等しい軌道です。GPS衛星は準同期軌道上にあります。

44 重力波は一般相対論からの予言？

アインシュタインの百年前の宿題

宇宙には粒子や電磁波が満ちています。このほかに未知のエネルギーの流れもあります。アインシュタインが、一般相対性理論として1916年に指摘した「重力波」がその一つです。百年ものあいだ未解決であった『アインシュタインの最後の宿題』と呼ばれていたものです。

重力波は、時間や空間がわずかに伸び縮みする「時空のひずみ」がさざ波のように伝わる現象であり、物体が加速して動くときに起こります。池の水面の波紋のように伝わることになります（上図）。ただし、水の波や音波が伝わるには水や空気などの物質としての媒体が必要ですが、電磁波や重力波は真空中でも伝播します。

1974年にアメリカのジョゼフ・テイラーとラッセル・ハルスにより、中性子星の連星のパルス周期の時間変化の観測から、重力波の存在が間接的に証明されました。これは、重力波の放出により角運動量が変化したと考えられており、その業績により、1993年に2人はノーベル物理学賞を受賞しています。

アインシュタインの予言からちょうど100年後の2016年には、アメリカのワシントン州とルイジアナ州との重力波観測装置LIGO（ライゴ）により、2つのブラックホールの合体により発生した重力波が、初めて直接的に観測されました。1辺の長さが4キロメートルのL字形のパイプにレーザーを入射させて、他端の鏡で反射させて往復のレーザー光の波のタイミングのずれを測定したものです（下図）。重力波の飛来により、縦と横とのレーザー光線の位相の差が生じることになります。観測結果からは、太陽質量の36倍と29倍のブラックホールが合体して62倍のブラックホールが誕生し、時空のひずみが変化して重力波が放出されたことが確認されています。

要点BOX
- ●重力波は時空のひずみでできるさざ波
- ●連星パルサーの周期の観測による間接的観測と、LIGO装置による直接的観測

水面波と重力波のイメージ図

池に石を投げる

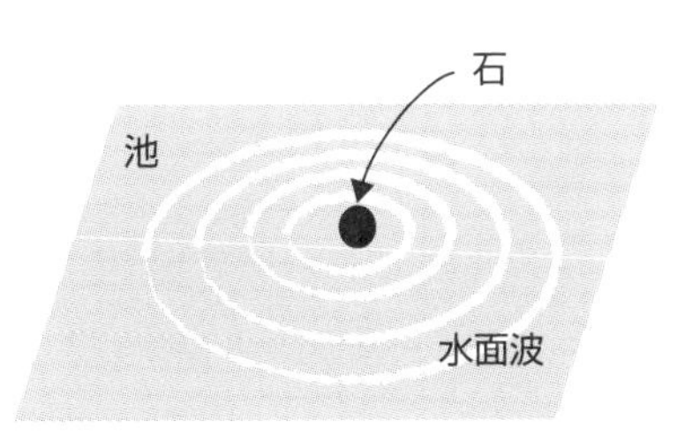

ブラックホールが合体する

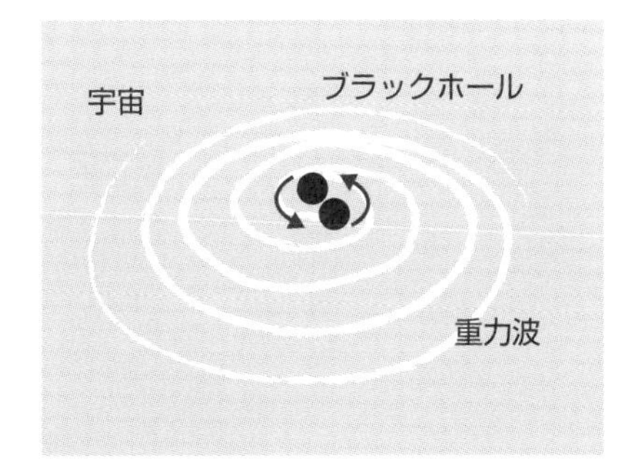

重力波の観測（2016年）

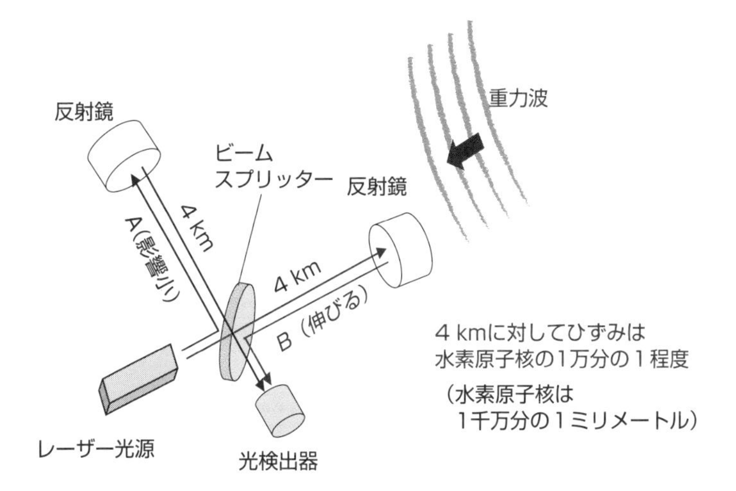

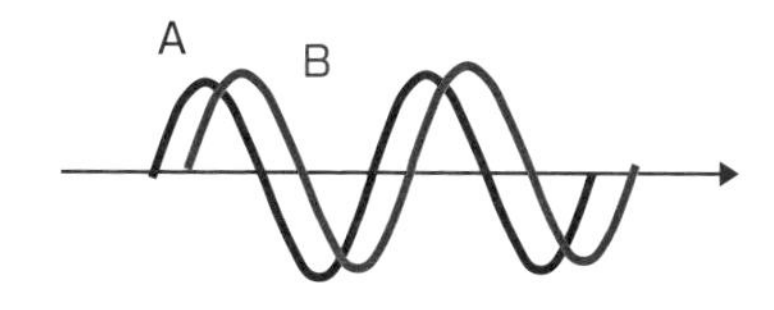

一致していたABの信号は，重力波が飛来すると、
空間の伸びによりタイミングがずれます。

用語解説

重力波：時空のひずみのさざなみとして、重力場の乱れが伝わっていく波。

45 ブラックホールはどのように生まれる？

超新星爆発で残った芯

星の一生を見てみましょう(上図)。水素を主成分とする星間雲は、密度の濃い部分に集まり、原始星として輝き始めます。やがて、主系列星(中心での水素核融合反応を重力で安定に閉じ込められている星)として長い間輝き続けますが、時間が経つにつれて中心部には燃えカスとしてのヘリウムの核ができます。水素の核反応の場所は外側へと移っていき、星は急激に膨張して巨星になります。太陽を含め質量のあまり大きくない星は核反応が下火になるにつれて収縮してゆき白色矮星となって活動を終えます。一方、質量の大きい星は、水素の核反応の他に中心部でヘリウムの核反応が起こり、新たに炭素や酸素、さらにはより重い元素が作り出されていきます。巨星はさまざまな元素による何層もの核融合反応で不安定になり、「超新星爆発」を起こします。星を構成していた物質は宇宙空間へばらまかれ、やがてこの星間雲のなかから再び星が生まれます。質量の極めて大きい星は超新星爆発後に芯が残り、中性子星かブラックホールとなります。

中性子星は、超新星爆発での重力崩壊時に電子が原子核に吸収されて、中性子の芯ができたものです。一方、ブラックホールは、質量が太陽の30倍以上の超新星が爆発した場合に生成されます。星の重力が光子の飛び出す力を上回る条件から定まります。地球の半径は6400kmですが、7億分の1の半径1cmまでに圧縮した場合にブラックホールとなります。半径70万kmの太陽の場合には、半径3kmまで圧縮する必要があります。実際には、太陽のおよそ8倍以上の質量がなければ、星の内部での核融合反応による加熱と星の重力による爆縮への進展は起こりません。ブラックホールの近くに恒星がある場合には、その物質を吸い込み、周りに円盤(降着円盤)を形成します。円盤の軸方向には、プラズマのジェットも観測されます(下図)。

要点BOX
- 星は死して、中性子星やブラックホールを残す
- ブラックホールの周辺の降着円盤からはジェットが噴出

星の一生とブラックホールの生成

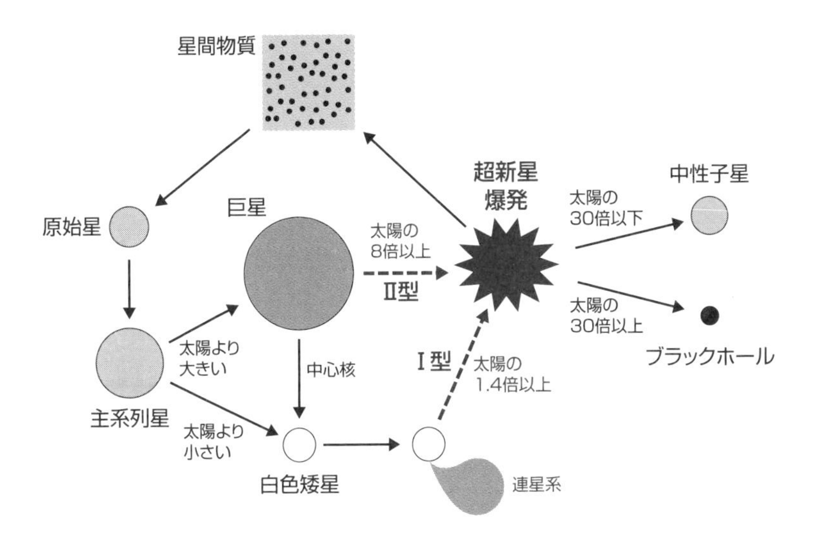

ブラックホールのイメージ図

はくちょう座 X-1の例

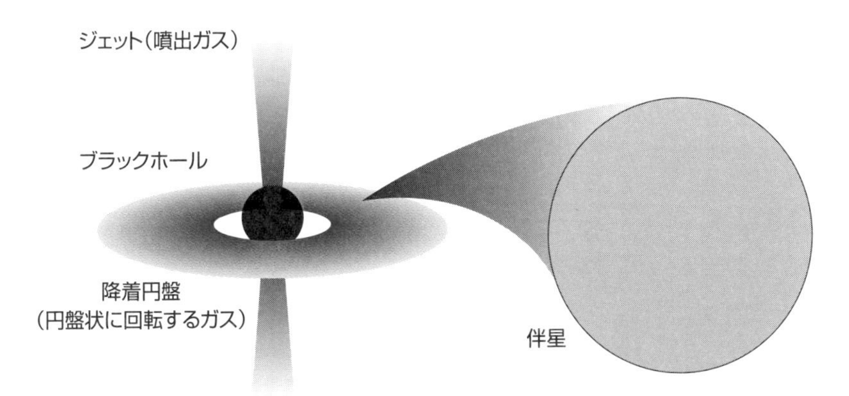

ブラックホールは近くの恒星(伴星)から物質を引き寄せ、周囲に円盤を形成し、軸方向にジェットを放射します。はくちょう座X-1は、1971年に初めて発見されたブラックホールです。

用語解説

ブラックホール：強い重力により、物質も光も飛び出せない大質量の天体。

46 ブラックホールの直接的観測に成功！

イベント・ホライズン・テレスコープ

アインシュタインが一般相対性理論を発表し、英国の日食遠征隊による検証観測が行われた1919年からちょうど百年目の2019年に、ブラックホールの直接的な観測に初めて成功したことが、世界同時で発表されました。このブラックホールは、おとめ座Aにある楕円銀河M87の中心にあり、銀河の中心付近からの直線的なジェット光線（超高エネルギーの噴出ガス）から、その存在が示唆されていました。

今回観測されたのは、ブラックホールの事象の地平面の周囲に存在する光子球と、事象の地平面（イベント・ホライズン）の輪郭に付随する「ブラックホール・シャドウ」です（上図）。

ブラックホールは、多くの天体を引き付け回転させて、高温のプラズマを形づくると考えられています。宇宙から飛来する光が、ブラックホールによりゆがめられた時空で曲げられ、一部はブラックホールに落下していくので、地球からみて中心部分にブラックホールの影が観測されることになります（下図）。

M87銀河は地球から5500光年の位置にあり、ブラックホールの質量は太陽の65億倍で、直径はおよそ400億キロメートルです。事象の地平面（イベント・ホライズン）と呼ばれるブラックホールの表面は、シャドウより2・5倍小さいサイズです。

イベント・ホライズン・テレスコープ（EHT）は、チリ（2台）、メキシコ、アメリカ本土、ハワイ（2台）、スペイン、南極の6か所8台の望遠鏡を連携した地球規模の電波望遠鏡であり、地球の自転を利用した地球サイズの直径約1万キロの仮想的なパラボラアンテナに相当しています。解像度は人間の視力を1・0として、EHTの視力は300万であり、20マイクロ秒角という極めて高い値が実現できています。これは月面に置いたゴルフボールが見えるほどの解像度なのです。

- ●ブラックホール・シャドウの世界初の観測成功
- ●M87銀河の中心のブラックホール
- ●EHTは地球規模の電波望遠鏡

史上初のブラックホールの直接的測定

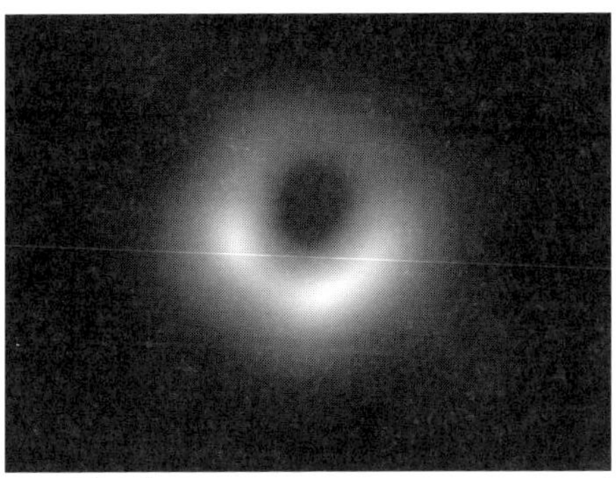

写真出典：https://www.nao.ac.jp/news/science/2019/

電波による測定　2019年4月発表

おとめ座銀河「M87」のブラックホール。
地球からおよそ5500万光年で、
質量は太陽の65億倍です。

電波の強度は、リングに比べて
中心部分で1／10以下です。

電波は周りの超高温のプラズマからの
放射であり、
リングの直径は1000億kmです。

ブラックホール・シャドウの生成メカニズムと観測

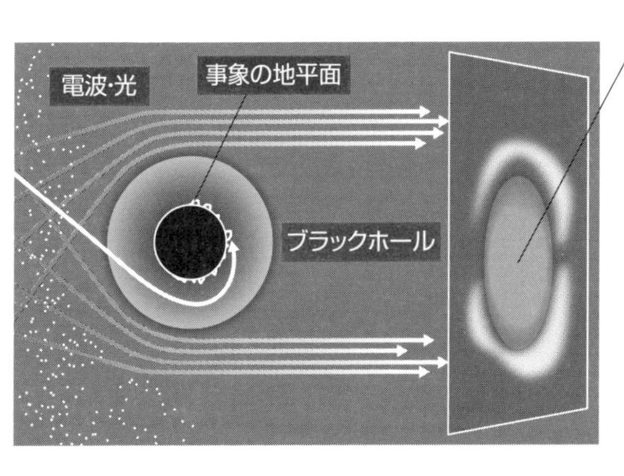

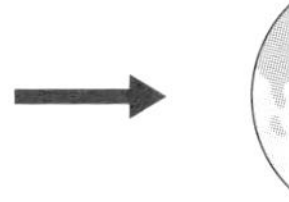

EHT
地球規模の電波望遠鏡を
構成して、ブラックホールを
測定します。

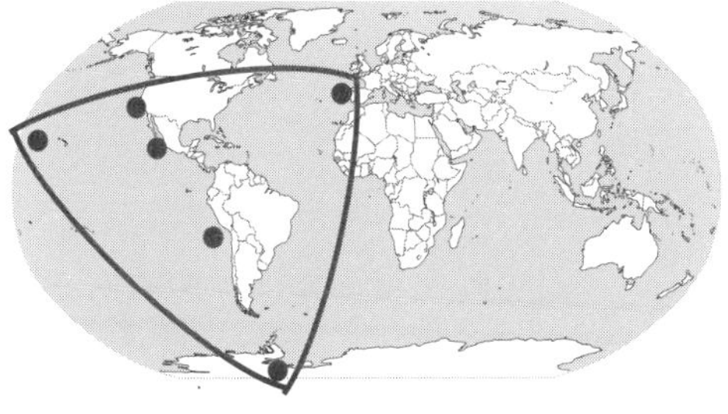

用語解説

事象の地平面：ブラックホールの表面に相当し、その内から外へは光も逃げだすことができない領域の境界面。

47 宇宙は膨張している?!

ハッブルの法則

『宇宙には始まりがあるのでしょうか? 果てがあるのでしょうか?』これらの素朴な疑問は、誰もが一度は持ったことがあると思います。宇宙の果てを見ようとすることは、実は宇宙の始まりを考えることと同じなのです。

現在、宇宙は膨張しています。観測者から見て、すべての銀河は遠ざかっています(上図)。これは、一般相対性理論から、1922年にロシアのアレクサンドル・フリードマンにより、「フリードマン方程式」37の解として、明らかとなりました。

実験的には、ドップラー効果による光の赤方偏移の観測により、1929年にアメリカのエドウィン・ハッブルが宇宙の膨張を発見しました。銀河の遠ざかる速度Vは、観測者からの距離Rに比例します。その比例係数H_0がハッブル定数であり、百万パーセク(Mpc、326万光年、31ペタメートル)の単位で測って、ハッブルの得た値は500でした(中図)。現在では、NASA(アメリカ航空宇宙局)のマイクロ波非等方性探査衛星WMAPなどの最新のデータにより、70前後であることが判明しています。その逆数が宇宙の年齢138億光年にほぼ一致します。

この法則は、ハッブルの2年前の1927年にフランスのジョルジュ・ルメートルによっても論じられていたので、現在は「ハッブル=ルメートルの法則」とも呼ばれています。

ハッブルの法則からは、時間を遡れば、すべての銀河は1箇所に集まり、宇宙に始まりがあったことがわかります(下図)。また、宇宙の始まりとしてのビッグバンのなごりである2・7Kの宇宙マイクロ波背景放射の観測も行われてきました。この電波は、宇宙誕生後の38万年の世界からの電磁波であり、それ以上遡ると、もはや光で見ることはできません。

これらの実験結果は、一般相対性理論が正しいことの検証となっています。

●ハッブル=ルメートルの法則：銀河の遠ざかる速度は地球からの距離に比例する
●宇宙背景放射の観測から宇宙の年齢がわかる

宇宙空間の膨張

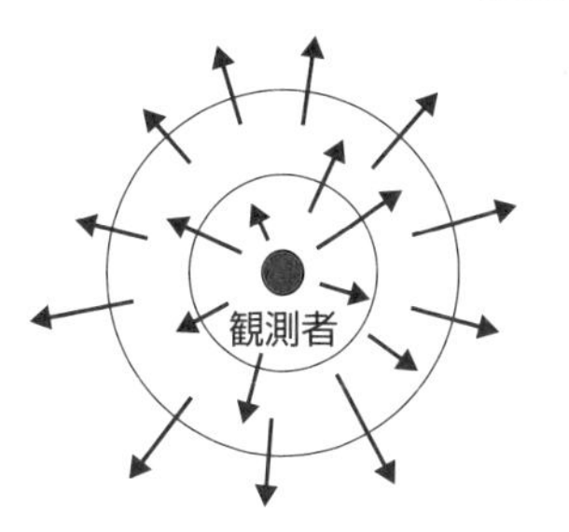

観測者から見て、すべての銀河星雲が遠ざかっていくように見えます。ただし、銀河、恒星、生物などは膨張はしていません。空間そのものが膨張しているのです。

ハッブル=ルメートルの法則

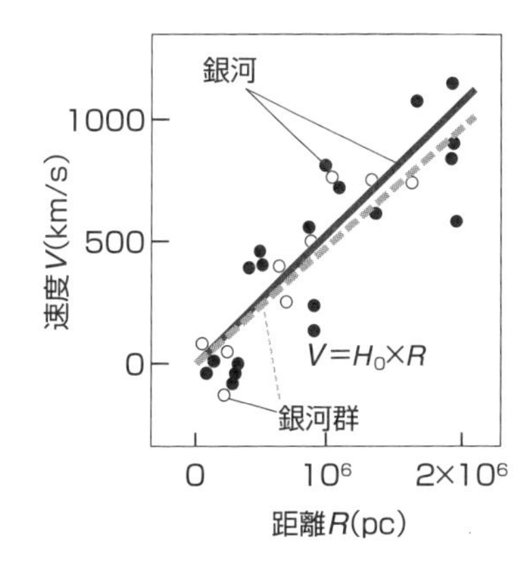

1929年のハッブルの図
遠ざかる速度Vは、
観測者からの距離Rに比例します。
その比例係数H_0がハッブル定数です。

ハッブルが求めた H_0 は500 km/s/Mpcでしたが、
最近のWMAPの測定結果では、
ハッブル定数　H_0=72±3　km/s/Mpc
ここで、1Mpc(メガパーセク)～328万光年

宇宙には始まりがあった

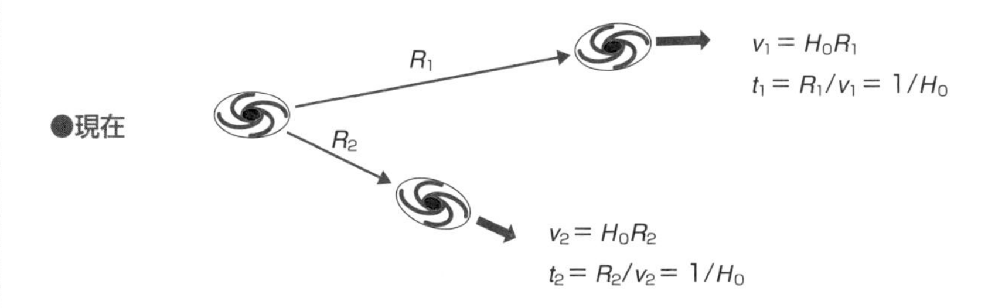

●宇宙の始まり

$t_1 = t_2$

時間を遡れば、同時に
一箇所に集まります。

Column

もうすぐ宇宙は発狂する?

ブラックホール映画①「ブラックホール」(1979年)

「もうすぐ宇宙は発狂する。」は、ディズニー映画「ブラックホール」の日本でのキャッチコピーです。英語版では、「すべてが終わる旅の始まり」です。

個人的で恐縮ですが、1979年に公開されたこの映画は、筆者が2年間プリンストン大学に客員研究員として滞在していたとき、ニューヨークのブロードウェイで見た思い出の封切映画なのです。真紅のロボット・マクシミリアンと不気味な天才科学者ラインハート博士や、時空のくぼみの回転する座標系のイメージ図が印象的だったことを思い出します。

物語は、20年前に消息を絶ったアメリカの超大型宇宙船シグナス号の捜索のために、パロミノ号は出発し、最大級のブラックホールに遭遇します。シグナス号は巨大な引力を持つブラックホールの間近にいながらも、それに引き込まれずに宇宙空間を平然と漂っていました。船内には反重力装置があり、数多くのヒューマノイド(人型ロボット)が作られていたのです。

ブラックホールの映像は、これまでSF映画などで描かれていましたが、2019年に初めて直接的観測に成功しています46。マイクロ波によりブラックホール・シャドウが観測されています。

同様に、ブラックホールに関連する直接的なタイトルのSFホラー映画として「イベント・ホライゾン」(1997年、米国)があります。シュバルツシルト半径で規定される事象の地平線35を意味した宇宙探査船の物語です。そこには、3つの磁気リングの中央で回転する球体としての重力駆動装置「コア」が搭載されています。宇宙船を二つに爆破し、後部は異次元空間に落とし、前部で脱出するペンローズ過程26のシナリオも描かれています。

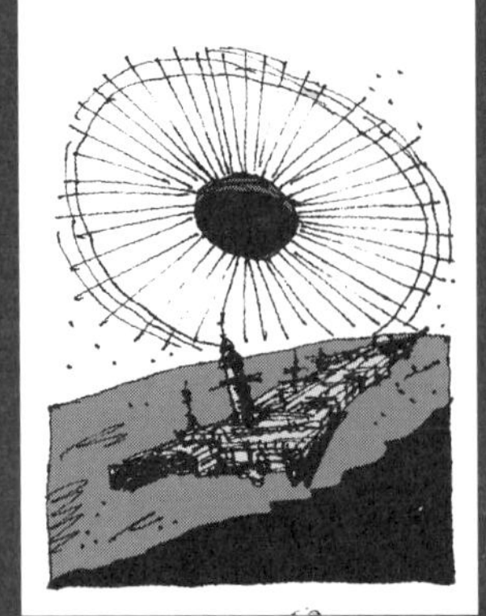

ブラックホールの近くにとどまっている超大型宇宙船シグナス号

「ブラックホール」
原題:The Black Hole
製作:1979年　米国
監督:ゲイリー・ネルソン
主演:マクシミリアン・シェル
　　アンソニー・パーキンス
配給:東宝

第7章

相対論と量子論の統合

48 相対論と量子論との違いは？

確定的と確率的

アインシュタインの一般相対性理論は、広大な宇宙の現象を理解するのに不可欠な理論です。一方、正反対のミクロの世界では量子力学が不可欠です。現代物理学は、この2つの理論で構築されています（上図）。

物質を分割していくと、原子核と電子で構成された原子になり、原子核（陽子、中性子）はクォークで構成されています。電子はそれ以上分割できない基本粒子（素粒子）であり、粒子であると同時に波動の性質（粒子性と波動性の2重性）があります。原子核の周りをまわっている電子の運動量を正確に同定しようとすると、場所を決定することが困難になります。エネルギーと時間との同定に関しても不確定であり、ハイゼンベルグの「不確定性原理」と呼ばれています。また、エネルギーの値は連続ではなく、「エネルギー量子」と呼ばれるとびとびの値となります。

古典力学では粒子の運動は確定的であり、運動方程式で定まりますが、量子力学では運動は確率的に規定され、シュレーディンガー方程式の波動関数で評価されます。

かつて、アインシュタイン自身は量子論の基本概念に懐疑的でした。量子力学では「観測」したときに「波束の収縮」により物事が定まる（コペンハーゲン解釈）とされていますが、情報が光速以上で伝播し相対性理論と矛盾してしまう場合があります。「隠れた変数」があり、観測以前に定まっていたのではとの考えも提起されました。1935年にアインシュタイン、ポドルスキー、ローゼンにより、「EPRパラドックス」が提起されました（下図）。このパラドックスは、「ベルの不等式」により、「局所実在性」が正しいかどうかという問題に帰着され、1982年のアラン・アスペの実験によって、局所実在性が否定される事象が検証され、観測可能な「量子もつれ」の現象は、現在では「EPR相関」と呼ばれています60。

要点BOX

- ●古典力学は局所実在性に基づき、運動は確定的
- ●量子論では、運動は不確定性で確率的
- ●アインシュタインがEPRパラドックスを提起

量子論と相対論の力学

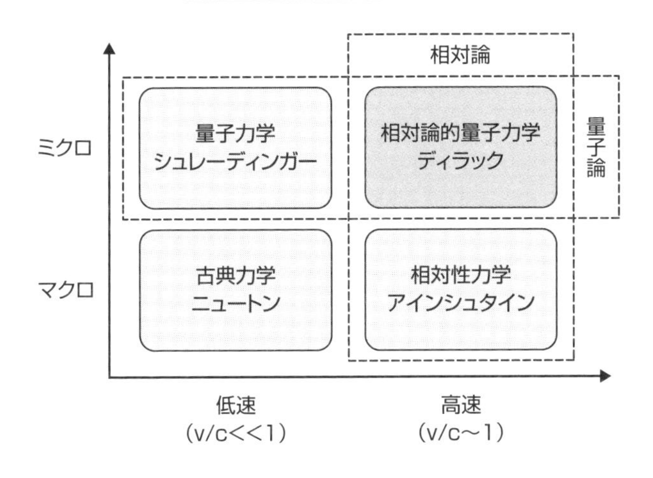

古典論と量子論の相違

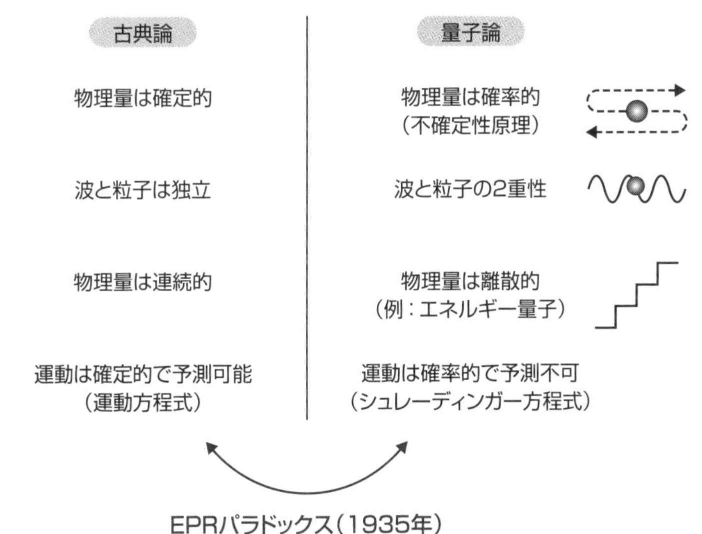

EPRパラドックス(1935年)
量子もつれの現象は情報が光速を超えて伝わる?!
相対性理論と量子論は相容れない?!
量子論は間違っていないが不完全である!

用語解説

不確定性原理:量子力学における物理量の観測に関する不確定性の基本法則。例えば、電子の位置の不確かさΔxと運動量の不確かさΔpは$\Delta x \Delta p \geqq h/4\pi$($h$ はプランク定数)という関係が成り立ちます。時間tとエネルギーEを測定する場合にも$\Delta t \Delta E \geqq h/4\pi$ が成り立ちます。

49 磁石は相対論的量子論で理解する？

電子スピン

リング状の電流が流れると、それが小さな棒磁石の様に磁場が生成されます。磁石の内部は原子レベルでこのような小さな電流の集まりでできていて、それで磁性体が作られていると、わかりやすく説明することがあります。

実際には古典的な円電流ではなくて、量子力学で記述される電子自体のスピンが磁性の源です。電子が実際に物理的に自転することにより磁場が生成されるためには、古典的な考え方では光速の100倍ほどの速度が必要になってしまいます。磁性を古典的な円電流で説明することは不可能であことは、固体物理学分野で「ボーア＝ファンリューエンの定理」と呼ばれ、電子などの粒子そのものがスピンを有しており、そのメカニズムは量子力学と相対性理論により説明されることが明らかとなっています。基本粒子には質量と電荷があるように、スピン磁気モーメントがあるのです。

原子スケールで生まれる磁気双極子の「磁気モーメント（磁気能率）」は、以下の3つの合計で決まります。①電子のスピン（自転）、②電子の原子核周りの円軌道回転、そして、③原子核の中の陽子（プロトン）のスピンです（上図）。物体が磁性を持つ最大の寄与は、電子自身のスピン効果です。原子核によるスピンの寄与はほとんど無視することができ、電子の円軌道運動によるスピンも大きくありません。

原子中の電子は、原子核の周りの特定の複数の場所（電子殻）に存在しており、それぞれの殻に入る電子の数は決められています。一方、電子のスピンは上向きと下向きとの2通りがあり、電子が完全に満たされている軌道では上下同数の電子対となって入ります（パウリの禁制律）。この場合には磁気モーメントはゼロになります。磁性体では、「フントの規則」により、対にならない電子（不対電子）が存在することで元素の磁性が決まってきます（下図）。

- ●原子の磁気モーメントの起源は、電子のスピン、電子の軌道回転、原子核のスピン
- ●電子スピンは相対論的量子論で説明

電子スピンは相対論的

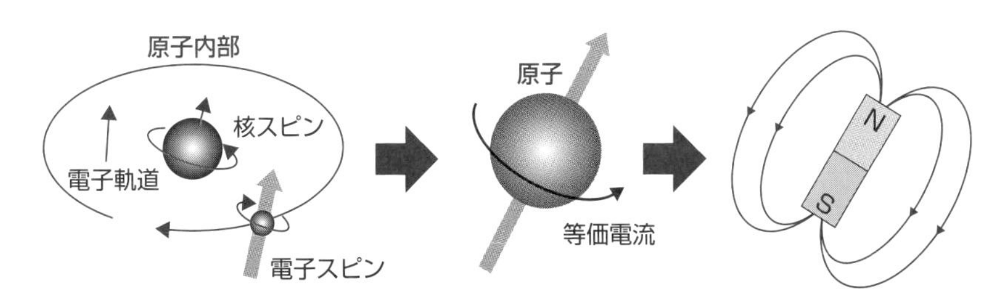

原子内部のいろいろなスピン

電子や原子核は電荷を持っており、図中の3種類の固有の磁気モーメントを持っています。
磁性体では電子スピンの寄与が最大で、核スピンは無視できます。

原子の磁気

原子のスピンは、その軸の周りを流れる電流（電子の回転と逆方向）と同じ効果を持っています。

棒磁石の磁気

これはコイルに電流が流れる現象と同じで、等価的に棒磁石のような性質を持っています。

電子スピンとその振る舞い

●電子スピンは2通り

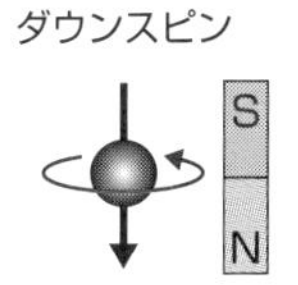

電子は自転に似たスピンを持っており、ミニ磁石の性質があります。

●パウリの禁制律

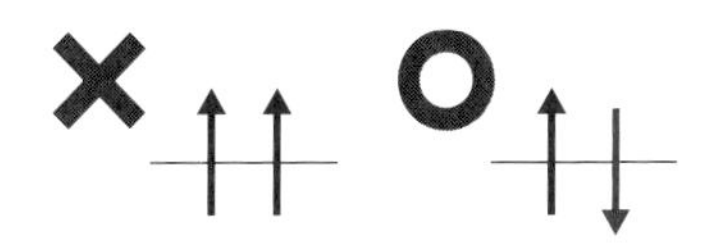

同じ軌道には、同じ向きのスピンの電子は入れません。

●フントの規則

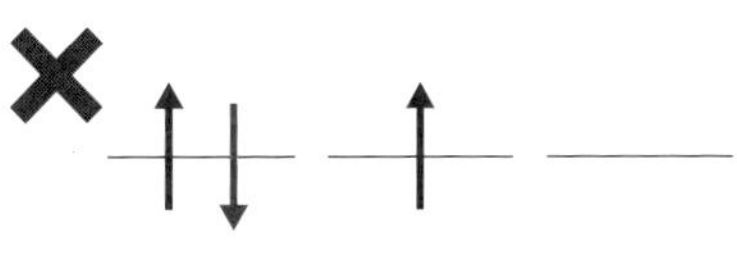

同じエネルギーの軌道には、電子が1個ずつ入ります。

50 ディラック方程式とは？

相対論的波動方程式

量子力学では、古典的な力学と異なり、エネルギーや運動量の値を確率的に扱う必要があります。量子力学の基礎方程式は波動関数ψを用いて表された「シュレーディンガー方程式」です。波動関数そのものは観測可能な量ではありませんが、波動関数の絶対値の2乗の値により、粒子の存在確率が表されます。シュレーディンガー方程式は、エネルギーEと運動量pとの古典力学での関係式に相当します。上図は非相対論（ニュートン力学）と相対論、非量子論と量子論の4つの場合の基礎方程式です。

非相対論の古典力学では、外部からの力やポテンシャルが加わっていない場合には、エネルギーは運動量の2乗に比例します。これを量子論に拡張した式がシュレーディンガー方程式に相当します。虚数iと換算プランク定数$\hbar$を用いて表示されています。

電子が光の数百分の1の高速で原子核の周りをまわるとすると、もはやシュレーディンガー方程式では電子の動きを評価することができず、相対性理論の効果が必要となります。特殊相対性理論では、エネルギーの2乗が運動量の2乗と静止質量エネルギーの2乗の和に関連づけられ22、対応して、量子力学と特殊相対性理論との統合として、「クライン＝ゴルドン方程式」が得られています。一方、シュレーディンガー方程式の形式で特殊相対論効果を組み入れたのが、「ディラック方程式」です（上図）。このディラックの相対論的波動方程式から、負の確率、負のエネルギーの解が得られ、革新的な「反粒子」が予言されることになります。反粒子は、質量とスピンが等しく、電荷など正負の属性が逆の粒子です。電子に対して陽電子（ポジトロン）が反粒子ですが、現在では、すべての素粒子に対して反粒子があることがわかっています。下図には、粒子・反粒子の対消滅・対生成反応が、フィンマン・ダイアグラムで示されています。

要点BOX
- ●相対論と量子論との統合の必要性
- ●ディラック方程式は相対論的波動方程式
- ●相対論的量子論から反粒子の存在予測

相対論的波動方程式

エネルギー　$E \rightarrow i\hbar\ \partial/\partial t$　に置き換え
運動量　$p \rightarrow i\hbar\nabla$　に置き換え　（iは虚数単位、$i^2=-1$）

	非量子論	量子論
非相対論	エネルギーEと運動量pの式 $E = p^2/2m$	シュレーディンガー方程式 $i\hbar\ \partial\psi/\partial t = H\psi$ $H = -(\hbar^2/2m)\nabla^2$
特殊相対論	$E^2 = c^2p^2 + m^2c^4$　22 $E = (c^2p^2 + m^2c^4)^{1/2}$ $= c\alpha\cdot p + mc^2\beta$	クライン＝ゴルドン方程式 $-\hbar^2\partial^2\phi/\partial t^2 = (-c^2\hbar^2\nabla^2 + m^2c^4)\phi$ ディラック方程式 $i\hbar\ \partial\psi/\partial t = H\psi$ $H = -ic\hbar\,\alpha\cdot\nabla + mc^2\beta$

粒子と反粒子

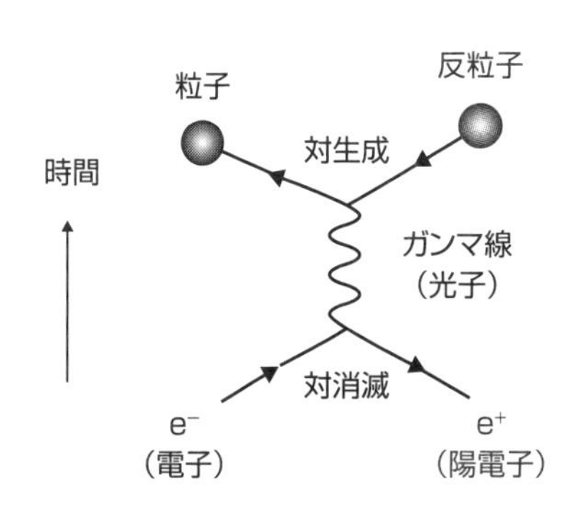

対消滅・対生成の
ファインマン・ダイアグラム

（反粒子の矢印は
逆向きに表示されています）

用語解説

ディラック方程式：量子論と特殊相対論とを統合した電子などの基礎方程式。1928年にポール・ディラックが提唱し、反粒子の発見につながりました。

51 超ひも理論が核力と重力を結びつける？

ひもと膜の宇宙

私たちの世界には、電磁気力、弱い力、強い力、重力の4つの力があります。そのなかで最初の3つは、マクロ世界の特殊相対論とミクロ世界の量子論との統合で、記述が可能です。

ところが、重力に関する一般相対性理論と電磁力・核力などの相対論的量子力学とを統合することは至難の業です。一般相対性理論では重力は時空の曲がりで説明されますが、これを量子理論に当てはめると、時空の微細構造を確率的に揺らすことになってしまいます。強い力、弱い力、電磁力を媒介する3つの交換子（グルオン、ウィークボソン、フォトン）は素粒子の標準理論のなかに含まれていますが、重力を媒介する重力子（グラビトン）は含めることができません。

重力を量子論的に扱う理論として、超対称性理論を含めた「超ひも理論」があります（上図）。粒子を従来のように点として扱うのではなく、1次元の広がりを持ったひもの振動として記述する理論です。素粒子はプランク長さのひもで表すことができ、そのひもが振動・回転して粒子となっていると考えます。ひもには、開いたひもと閉じたひもとがあります。「開いたひも」はスピン1のゲージ粒子（グルオン、ウィークボソン、フォトン）を示し、「閉じたひも」はスピン2の重力子（グラビトン）を意味します。

私たちの宇宙は空間・時間の4次元時空ですが、空間1次元あたり2次元分の余剰次元があり、量子レベルでは『巻き上げられて』いて小さなエネルギーでは観測できないと考えられています。

重力の強度が他の3つの相互作用に比べて小さいのは、閉じたひもが余剰次元方向にその作用の大半が逃げてしまっているためと考えられています。私たちの4次元時空は、さらに高次元の時空に埋め込まれた膜（ブレーン）のような時空なのではないか、と考える理論もあります（下図）。

- 一般相対論と量子論の統合としての超ひも理論
- 開いたひもはスピン1のゲージ粒子、閉じたひもはスピン2のグラビトン

基本粒子は点ではなくひもである

●電磁力の交換子

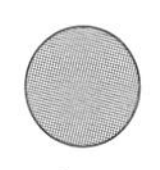

光子
（フォトン）

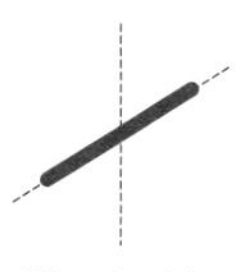

開いたひも
スピン1

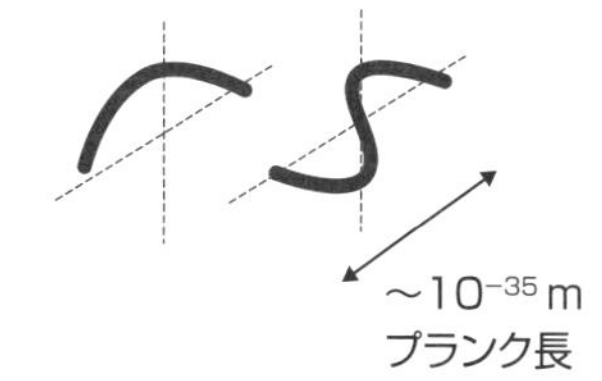

●重力の交換子

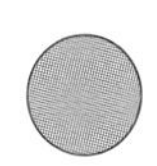

重力子
（グラビトン）

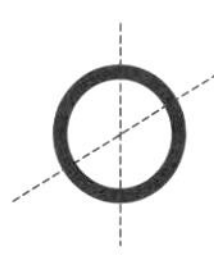

閉じたひも
スピン2

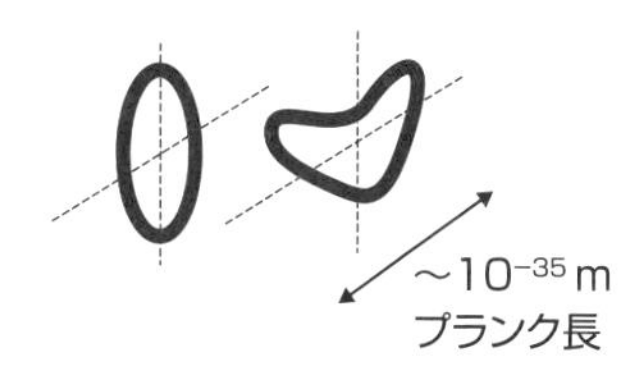

膜宇宙と重力子

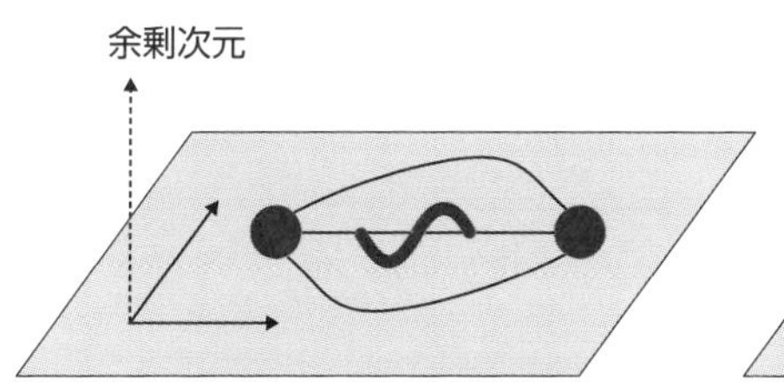

電磁力、強い力、弱い力の
交換子の両端は私たちの宇宙の
膜の上にあり、作用も強い

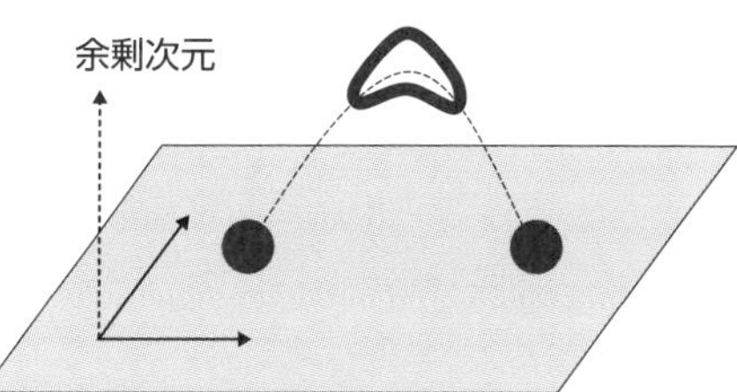

重力の交換子は
膜から飛び出していて
作用は弱い

用語解説

プランク長：プランク単位系で、質量 m_p、時間 t_p、距離 ℓ_p として、エネルギー E_p は、Gm_p^2/ℓ_p（古典論）、m_pc^2（相対論）、$\hbar c/\ell_p$（量子論）であり、3者が等しいとしてプランク質量は

$$m_p = \sqrt{\frac{\hbar c}{G}}$$ なので、プランク長は $$\ell_p = \sqrt{\frac{\hbar G}{c^3}} = 1.6 \times 10^{-35}\text{m}$$

ここで、c は光速、G は万有引力定数、$\hbar$ は換算プランク定数。

Column

天才の愛と苦悩の日々？

ブラックホール映画②「博士と彼女のセオリー」（2014年）

「博士と彼女のセオリー」はスティーブン・ホーキング博士の伝記映画であり、原題は「The Theory of Everything」です。4つの力を統一する超ひも理論 51 は「万物の理論」と呼ばれています。ただし、この映画は科学の物語ではありません。ホーキング博士と恋人との私生活を描いた映画です。

ケンブリッジ大学で物理を専攻していたホーキングは、文学部の学生ジェーン・ワイルドと出会い、恋に落ちます。しかし、まもなく筋肉が萎縮してしまう難病ALS（筋萎縮性側索硬化症）による余命2年の宣告を受けます。反対を押し切って2人は結婚しますが、車椅子生活を強いられ、さらに声も出なくなり、コンピュータによる合成音声の利用により、難病と闘っていきます。

映画の中での物理として、「エディントン・フィンケルシュタイン座標でrが$2M$である」と語る場面があります。光の速度cを1とした自然単位系での話ですが、この座標系では、シュバルツシルト座標系 35 と異なり、事象の地平面で正則（物理量が定義できる）となる事が示されています。

ホーキング博士の研究成果としては、ブラックホールの特異点定理、宇宙創成直後の多数のブラックホール生成、放射によるブラックホールの消滅 54 など、量子宇宙論に関して数多くあります。

ホーキング博士は、2018年3月に76才でこの世を去りましたが、博士の最後の言葉が著書「ビッグ・クエッション」に残されています。「神は存在するのか？」「人間は地球で生きていくべきなのか？」「人工知能は人間より賢くなるのか？」などの10の難問への明快な答えが書かれています。

車椅子の天才物理学者
ホーキング博士

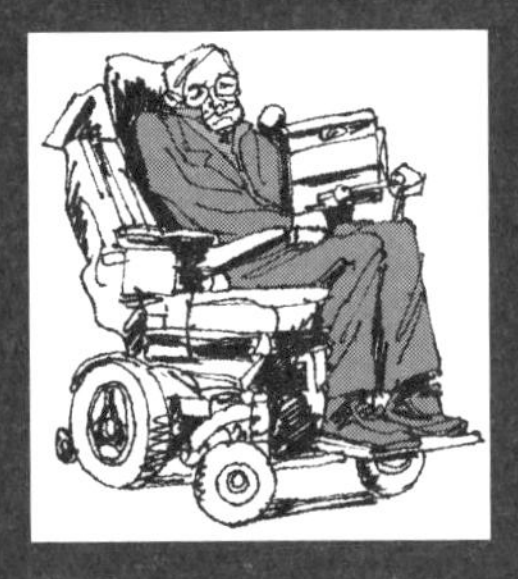

「博士と彼女のセオリー」
原題：The Theory of Everything
原作：ジェーン・ホーキング
製作：2014年　イギリス
監督：ジェームズ・マーシュ
主演：エディ・レッドメイン、フェリシティ・ジョーンズ
配給：ユニバーサル・ピクチャーズ

未来のエネルギー制御

52 光子ロケットを飛ばす？

物質・反物質の対消滅反応

人類が広大な宇宙の航行をめざすために、通常の化石燃料ロケットから、電磁ロケット、原子力ロケット、そして、核融合ロケットの開発が行われています。さらなる未来のロケットとして、粒子・反粒子による対消滅反応を利用した光子ロケットにも期待が寄せられています。

アインシュタインの特殊相対性理論から得られる質量とエネルギーの等価の式に従えば、反応前後の質量欠損から発生するエネルギーが評価できます（上図）。化学反応では燃料100億分の1（10^{-10}）の質量が欠損し、エネルギーに変換され、原子核反応では、千分の1（10^{-3}）のレベルです。そして、それを超える莫大なエネルギー生成が素粒子反応で可能となります。通常の物質に対して鏡に映された像のような関係にある反物質を用いて、物質と反物質との「対消滅反応」により、ほぼ百％近くの質量をエネルギーに変換することが可能となります。

対消滅反応ロケットでは化学燃料の百億倍（10^{10}）のエネルギー密度が利用可能ですが、少量の反水素と多量の水素（または水）を燃料として反応させて、電磁波（ガンマ線）を放出し、それを反射鏡で反射させてその反動でロケットを推進します。

反物質エンジンによる「光子ロケット」で人類は星のかなたへ旅することができます。これはアメリカのテレビドラマ「スタートレック」のエンタープライズ号をはじめ、多くのＳＦ映画に登場する夢のロケットです。反物質1ミリグラムは、液体酸素と液体水素の化学ロケットの燃料の1トン分に相当する推進力を発生させることができるのです。

現在の化石燃料によるロケットでは、火星への旅行は最短でも6～7ヶ月ですが、火星往復2週間、太陽系旅行20年の目標が、「反物質ロケット」で将来達成されるかもしれません。

●恒星間航行用には夢の「反物質ロケット」
●物質・反物質の対消滅反応で発生する電磁波エネルギーを反射鏡で推進力に変換

化学反応から素粒子反応

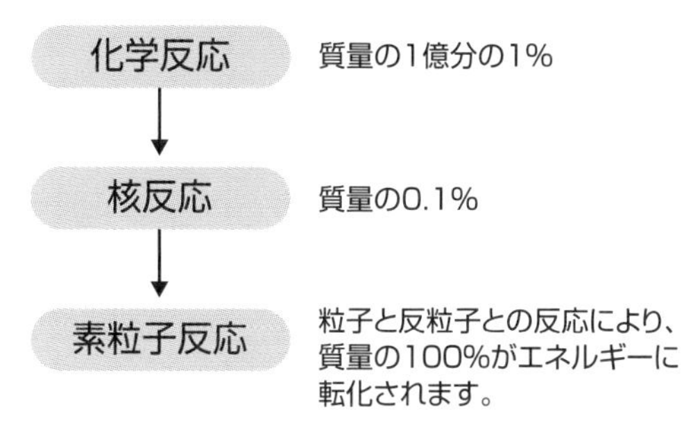

粒子・反粒子の対消滅反応

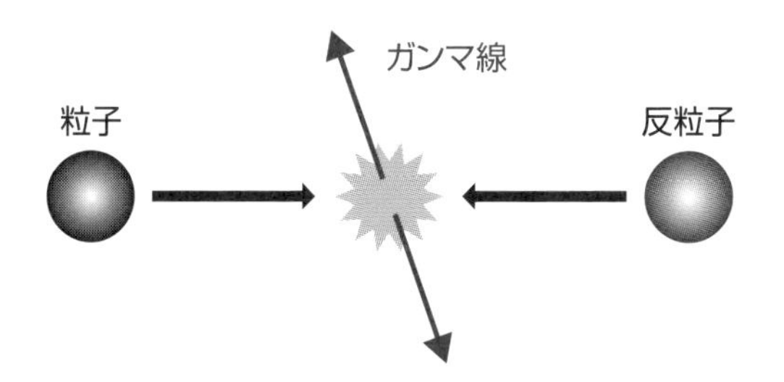

粒子、反粒子、それぞれ1gずつ、合計2gの粒子、反粒子を消滅させると、約180兆ジュールのエネルギーが放出されます。これは、石油4000トンのエネルギーに相当します。

光子ロケット

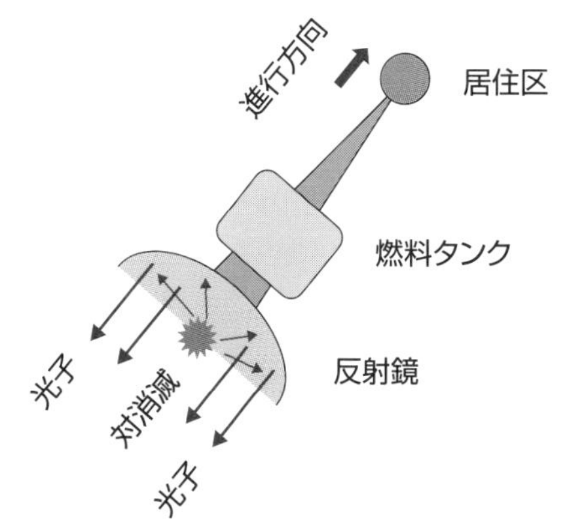

対消滅反応で発生する光子（ガンマ線）エネルギーを反射鏡で推進力に変換します。
ロケットの居住区は、放射線を低減させるために光子推進領域から隔離されています。

用語解説

対消滅反応：粒子と反粒子が衝突し、光子2個に変換される現象が対消滅です。逆の過程は対生成と呼ばれます。

53 ブラックホールのエネルギーを利用する?

ペンローズ過程

重力を利用した身近な発電方法に、水力発電（実際には核融合エネルギーの太陽熱による水の循環を利用）や潮汐発電（地球と月との万有引力利用）があります。遠い将来には、膨大な重力エネルギーを有するブラックホールを利用することが夢見られています。回転を伴うブラックホール（カー・ブラックホール）では回転が外側に伝わりますが、その境界が「定常限界面」です。これは事象の地平面の外にあり、両面の間が「エルゴ領域」と呼ばれます。エルゴの語源はギリシャ語の「仕事」であり、この領域からエネルギーを取り出すことができることから名づけられています。

エルゴ領域内では遠方から見てエネルギーが負となる軌道が存在します。これを用いるとブラックホールの回転エネルギーを外に取り出すことができます。物体をエルゴ領域内に落下させて、2つの破片に分裂させます。ブラックホールの回転方向と逆方向とに運動する2つの粒子に分裂させますが、逆方向に運動する破片を負のエネルギー軌道に乗せてブラックホールに落とし、他方をエルゴ領域外へ再び放出すると、放出された破片は物体が最初にもっていたエネルギーよりも大きなエネルギーを持って飛び出すことになります。このようにブラックホールからエネルギーを取り出す操作を「ペンローズ過程」（上図）といいます。2つの粒子の衝突を利用する「衝突ペンローズ過程」も考えられていますが、オリジナルのペンローズ過程よりもエネルギー効率が10倍ほどよくなると考えられています。ブラックホールの周りに固定構造地盤を建設して未来都市を創造し、箱に入ったゴミをブラックホールに入射してゴミを負のエネルギーの軌跡に落下させ、箱を高エネルギーで放出させて、そのエネルギーを回収するシステムが考えられます（下図）。ゴミ問題とエネルギー問題との同時の解決法が夢みられています。

要点BOX

- ●ペンローズ過程とは、ブラックホールの回転エネルギーを取り出す操作
- ●エルゴ領域内で負エネルギーの軌道を利用

カー・ブラックホールでのエネルギー利用

●ペンローズ過程(オリジナル)

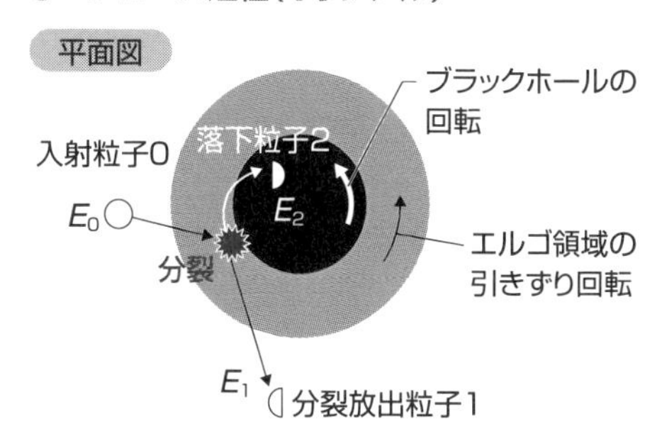

粒子を入射し、エルゴ領域で衝突させます。

分裂した粒子2はブラックホールに落下し、
粒子1でエネルギーを取り出します。

入力　$E_0 = E_1 + E_2 < E_1$　出力

$E_2 < 0$

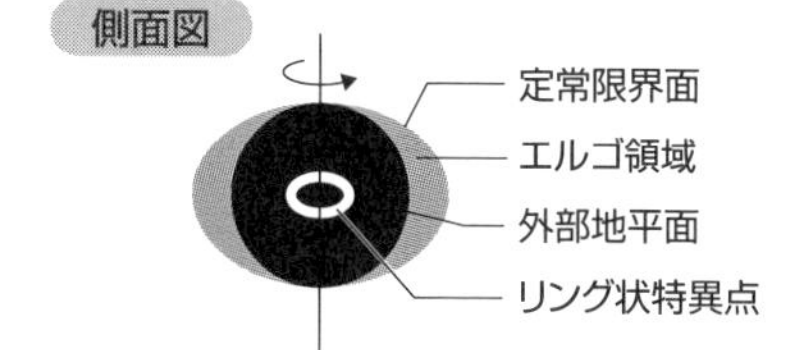

●衝突ペンローズ過程

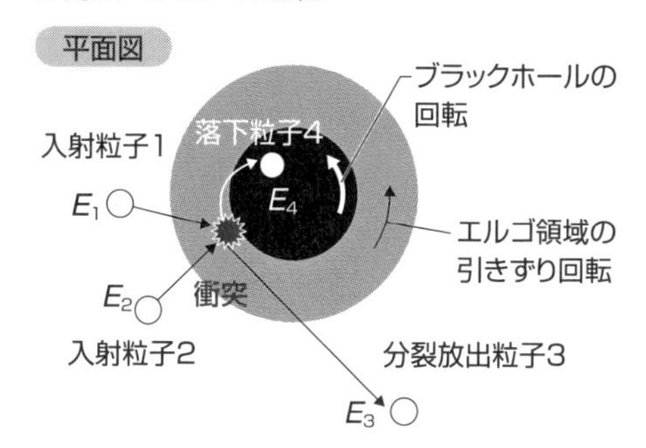

エルゴ領域で2つの粒子を衝突させます。

衝突生成した粒子4は
ブラックホールに落下し、
粒子3でエネルギーを取り出します。

入力　$E_1 + E_2 = E_3 + E_4 < E_3$　出力

$E_4 < 0$

ペンローズ過程を利用した超未来都市(イメージ図)

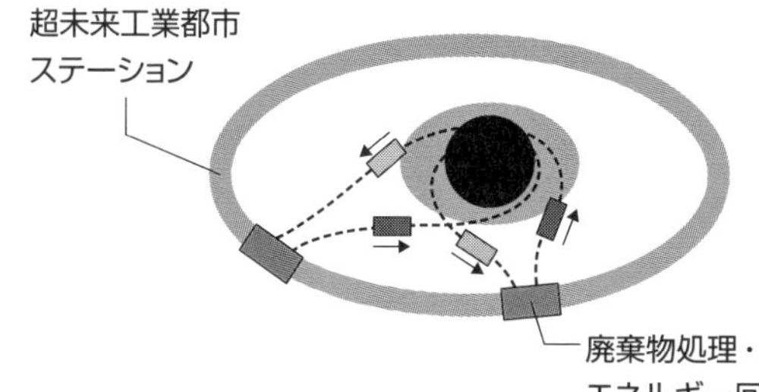

産業廃棄物の入ったボックスを
エルゴ領域で回転と逆方向に落とし、
ボックスのみを回収し、ブラックホールの
回転エネルギーを利用します。

54 ブラックホールは蒸発する？

特異点定理とホーキング放射

　イギリスのスティーヴン・ホーキング（1942〜2018）は、ALS（筋萎縮性側索硬化症）と闘っていた車椅子の著名な物理学者です。彼の主な業績は、1963年のブラックホールの「特異点定理」と1974年のブラックホールの「ホーキング放射」です（上図）。

　一般相対性理論は、質量やエネルギーがある場合の曲がった空間の時間発展を定める法則です。空間が極端に曲がると「特異点」（空間や時間が定義できなくなる点）が形成されます。特異点では密度や時空の曲率が無限大となってしまい、時空の重力崩壊に相当します。特異点の近傍では光の速度では脱出できなくなる「事象の地平面」があります。地平線の向こう側で起こることは知ることができないという意味の事象の地平線です。一般相対性理論と量子論との組み合わせにより、このような特異点が必ず存在することが証明されました。これはペンローズ＝ホーキングの「特異点定理」と呼ばれています。

　特異点では物資も因果律も破壊されてしまうので、事象の地平線に囲まれていない「裸の特異点」があれば問題となります。ペンローズによれば、「宇宙検閲官仮説」により、裸の特異点はなくて、私たちの世界では常に因果律が満たされるとしています。

　ブラックホールに対する量子効果を検討したホーキングは、ブラックホールが粒子を放射して、ゆっくりと蒸発するという「ホーキング放射」を提唱しました（下図）。ブラックホール近傍では量子力学的な真空のゆらぎから粒子・反粒子が対生成し、一方がブラックホールに取り込まれ、もう一方がエネルギーを持ったまま放出されます。この放出は熱的放射であり、放射の絶対温度はブラックホールの質量に反比例するので、ブラックホールは放射によりゆっくりとエネルギーを失い、最終的に蒸発することが指摘されています。

要点BOX
- ●特異点定理：特異点が必ず存在
- ●裸の特異点は因果律を破綻させる
- ●ホーキング放射でブラックホールが蒸発

ホーキングによる主な定理

●ブラックホールの特異点定理（ペンローズ＝ホーキング）

一般相対性理論では、因果律が破綻する「特異点」が必ず存在します。

（参考）宇宙検閲官仮説（ペンローズ）

特異点は事象の地平面で隠されていて「裸の特異点」は存在せず、私たちの世界では常に因果律が成り立ちます。

●ブラックホールの蒸発理論（ホーキング放射）

ブラックホールはエネルギーを熱的に放射して蒸発します。

ホーキング放射のしくみ

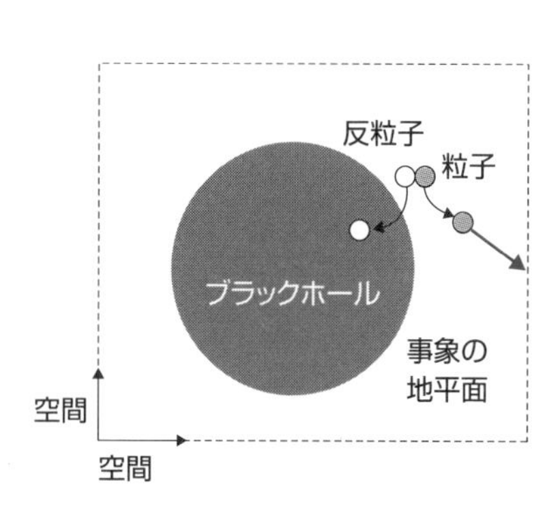

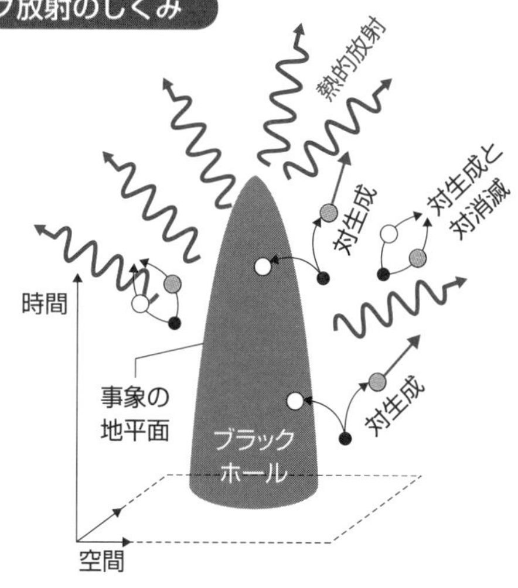

用語解説

裸の特異点：密度が無限大で曲率も無限大となる時空の「特異点」は通常は「事象の地平面」で隠されており、因果律を破ることはありません。隠されてなくて観測可能な特異点を「裸の特異点」と呼びます。

Column

未来を予知し、未来を変える？

ブラックホール映画③「デジャヴ」（2006年）

デジャヴとは、既視感と訳され、『はじめての体験なのに、既に体験したことのように感じる』ことです。この映画は、そのような感覚で展開するSFサスペンスです。

物語では、ニューオリンズで大規模なフェリー爆発事故が発生し、多数の犠牲者が出てしまいます。

米国連邦捜査機関ATF（アルコール、たばこ、火器・爆発物取締局）のダグ・カーリンは、爆発がテロによるものだが、一人の女性の死体は殺人によるものだと推理します。

このカーリンの能力を見込んで、FBIは彼に協力を要請します。そこで「スノーホワイト（白雪姫）」と名づけられた監視システムを見せられます。4日半前の映像を、限定された任意の場所、任意の角度、そして、任意の精度で監視することができる不思議な装置です。

映画の会話では、ニューヨーク市の停電を起こすような膨大なエネルギーを使えば、時空をまげて、「アインシュタイン＝ローゼンの橋」としてのワームホール57が作られ、偶然にも、4日半前の過去からの光を見ることを発見したとのことです。

転送装置により、過去に戻った場合、新しい未来が生まれるのでしょうか？物理的には過去は変えることはできないとされる一方、分岐した並行宇宙64ができて、新しい歴史が作られるのではとの考えも映画の中で紹介されます。ハムスターもハエも通れずに死んだ電磁パルスにより作られるワームホールを、主人公が奇跡的に通りぬけて、新しい未来が展開される物語です。

最近の映画やドラマには、現代物理学の難問題が会話にもさりげなく出てきます。現代物理学が少しずつ社会に浸透してきている証と考えることもできます。

アインシュタイン＝ローゼン橋と分岐宇宙論の映画での説明

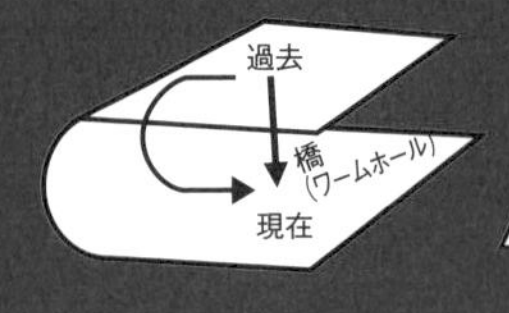

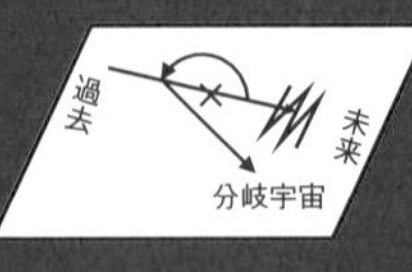

「デジャヴ」
原題:Déjà Vu（フランス語）
製作:2006年　米国
監督:トニー・スコット
主演:デンゼル・ワシントン、ポーラ・パットン
配給:ブエナ・ビスタ・ピクチャーズ

第9章

未来の時空制御

55 未来へのタイムマシンは可能か？

超高速ロケット利用とワームホール利用

時間はどこでも同じ一定の間隔で進んでいるわけではありません。普遍的で共通の「現在」はないのです。特殊相対性理論では、物質の動きが速ければ速いほど、時間がゆっくりと進みます。新幹線で東京博多間を移動したとき、10億分の1秒だけ未来に移動していることになります。一般相対性理論では、重力の強いところで時間が遅れます。地上よりも10m下の地下室に1日居たとして、100億分の1秒だけ時間が遅れ、未来に移動したことになります。地球そのものがタイムマシンであり、私たちは、どこかでささやかな未来への旅行をしていることになります。

ここで、SF映画のようなタイムマシンを作る方法を考えてみましょう（左頁の図）。

第1の方法は超高速ロケットを利用することです。映画「バック・トゥ・ザ・フューチャー」で登場するスーパーカー「デロリアン」型のマシンの利用であり、双子のパラドックス19（実際にはパラドックスではない）の浦島効果に相当します。この方法の問題点としては、光速に近いスピードでは物質は壊れてしまうことと、未来への一方通行の旅行しかできないことです。ただし、最も現実的な方法と考えられます。

第2の方法は「ブラックホール」35での重力利用です。地球や太陽の重力では微弱すぎるので、銀河系中心や他の銀河にあるブラックホールの重力を利用する方法です。ブラックホールの周りを何周もすることで時間が遅れ、地上に戻ったとき、未来が見えることになります。ただし、ブラックホール近傍までの遠方への航行が容易ではありません。この方法でも未来への一方通行のみです。

さらに、「ワームホール」57を利用する第3の方法や、「宇宙ひも」を利用する第4の方法が考えられますが、残念ながら、これらの時空構造は未だ発見されていません。

要点BOX

- ●特殊相対論の高速ロケット利用のタイムマシン
- ●一般相対論のブラックホールの重力利用
- ●ワームホールや宇宙ひも利用のタイムマシン

未来へのタイムトラベル

（1）超高速利用（特殊相対論的）　膨大なエネルギー利用

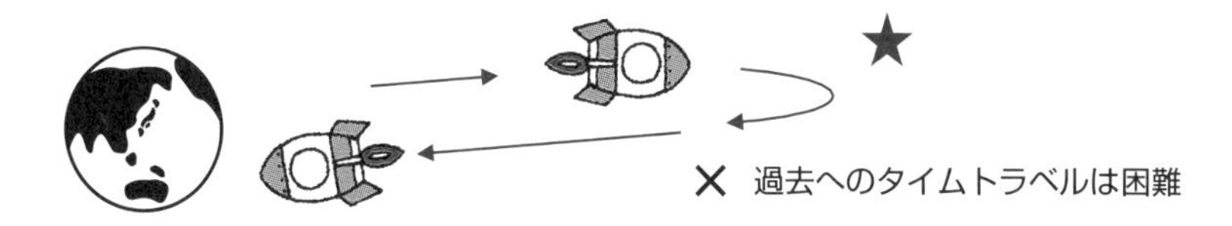

（2）ブラックホール利用（一般相対論的）

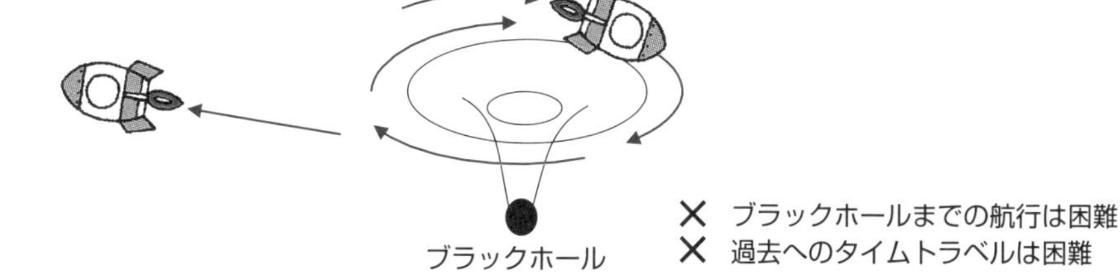

（3）ワームホール利用（一般相対論的）

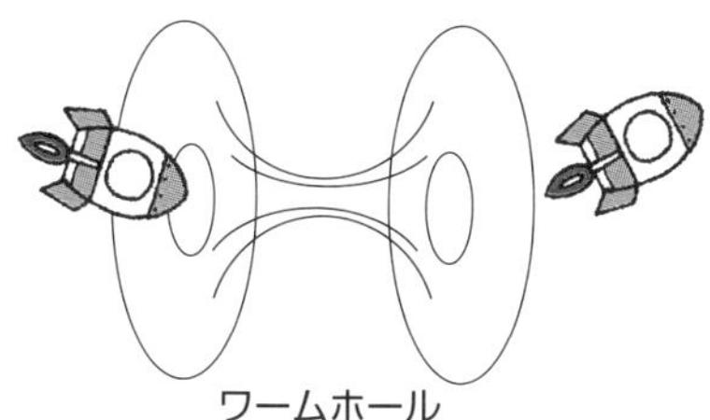

× 安定なワームホールは困難
× ワームホールは未発見

（4）宇宙ひも利用

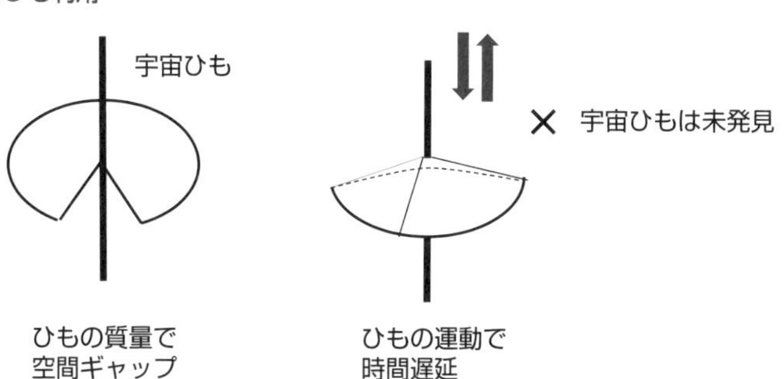

用語解説

宇宙ひも：宇宙の時空でのひも状の長くて重い物体であり、宇宙の初期に作られたと考えられています。現在の宇宙では、一本のひもが宇宙全体を横切るように伸びているとも考えられています。

56 過去へのタイムマシンは可能か？

親殺しのパラドックス

未来へのタイムトラベルは、いろいろなSF小説・映画で登場します。一方、過去への時間旅行では、問題が生じると考えられています（上図）。例えば、過去にタイムトリップして、自分が生まれてくる前に親を殺してしまうと、自分自身が生まれてこないことになり、矛盾が生じます。いわゆる「親殺しのパラドックス」です。イギリスの物理学者スティーブン・ホーキング博士は、「時間順序保護仮説」により、過去へのタイムトラベルが不可能だとしています。物事には必ず原因と結果があります。物理学での「因果律（原因の後に結果が生じるという法則）」を壊すような現象は起こらず、何らかの抑止力が働くという考えです。

過去を変えずに過去にタイムスリップできると考える説、あるいは、タイムトラベルしても過去は変わらないという説、もあります。さらに、パラレルワールド（多元宇宙）があって、親殺しのパラドックスの状況であったとしても、異なる宇宙につながっていくので、因果律は保たれると考える説もあります。

下図には、アメリカの理論物理学者キップ・ソーン（2017年に重力波実証でノーベル賞受賞）により1988年に提案されたタイムトンネルを用いた過去へのタイムトラベルの方法を説明しています。ホワイトホールAとブラックホールBとをつなぐワームホールが、同時刻の0時にあります。A時間の6時間かけて、ブラックホールBを光速近くの速度で往復運動をさせます。特殊相対性理論では超光速の運動では時間の進みは遅くなるので、この間のAとBとの時間差を2時間とします。その後、1時間かけてAからBへ移動させ、A時刻の7時にブラックホールBに落下させて、ワームホールを瞬間移動すると、A時刻で5時に到着できます。これは、安定で大きなワームホールや、ロケットが破壊されないことを前提としたときの夢の提案です。

要点BOX

- **●ホーキングの「時間順序保護仮説」により、過去へのタイムトラベルは不可能**
- **●ソーンのワームホールによる過去への旅行**

過去へのタイムトラベルの可能性

●否定的
「親殺しのパラドックス」などでトラベル不可能
時間順序保護仮説(スティーヴン・ホーキング)

●肯定的
因果律が保たれたかたちでトラベル可能
パラレルワールドの可能性

過去へのタイムトラベルの提案

1988年のキップ・ソーンの提案

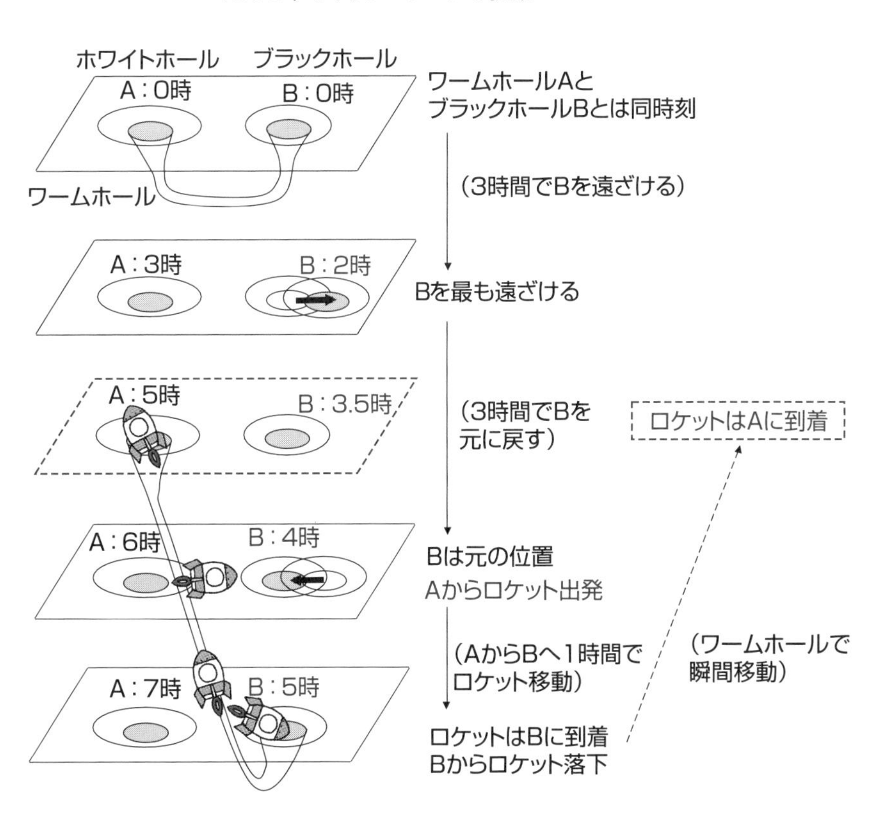

57 ワームホールは存在する??

ブラックホールとホワイトホール

ブラックホールは、時空に開いた〝黒い穴〟です。これを理論的に時間方向に反転させると、なんでも吐き出す穴となります。これが〝白い穴〟としての「ホワイトホール」です。

ブラックホールとホワイトホールとを結びつける仮想的なトンネルのことを、リンゴの虫食い穴になぞらえて「ワームホール」と呼んでいます。ただし、ホワイトホールもワームホールも未だ発見されていません。

回転を伴うカー・ブラックホールの内部を見てみましょう(上図)。シュバルツシルト・ブラックホールの場合には、落ちた物体は直線的に中心の特異点に向かっていくのに対して、カー・ブラックホールの場合には、回転による遠心力により、落下しながら中心のまわりを超高速で回り出します。その結果、重力による外部の事象の地平面のほかに、内部にもう一つの事象の地平面(内側地平面)が現れます。内側の地平面の中心にある特異点は点状ではなくリング状に広がっています。点状の特異点の場合、物質はその一点に向かつて運動しますが、リング状の特異点の場合、物質がリングそのものに向かうのではなく、リングに囲まれた領域に飛び込むように運動させることができます。そこを通り抜け、内側と外側の二つの事象の地平面を通り抜けて、私たちの宇宙とは別の宇宙に飛び出すことになると考えられています。

ブラックホールとホワイトホールとをワームホールでつなげて、ワープ(超光速航行)のトンネルを作ることも考えられています(下図)。このトンネルは、10の31乗分の1ミリメートルという極端に狭くて、かつ不安定であり、量子論的なふるまいをします。このワームホールを、人間や宇宙船が通れるほどの大きさに安定的に拡張できるとすると、タイムマシンとして利用することができるかもしれません。

要点BOX
- ●ブラックホールとホワイトホールをつなげるワームホールは非常に狭くて不安定
- ●カー・ブラックホールのリング状特異点を通過

カー・ブラックホールの内部

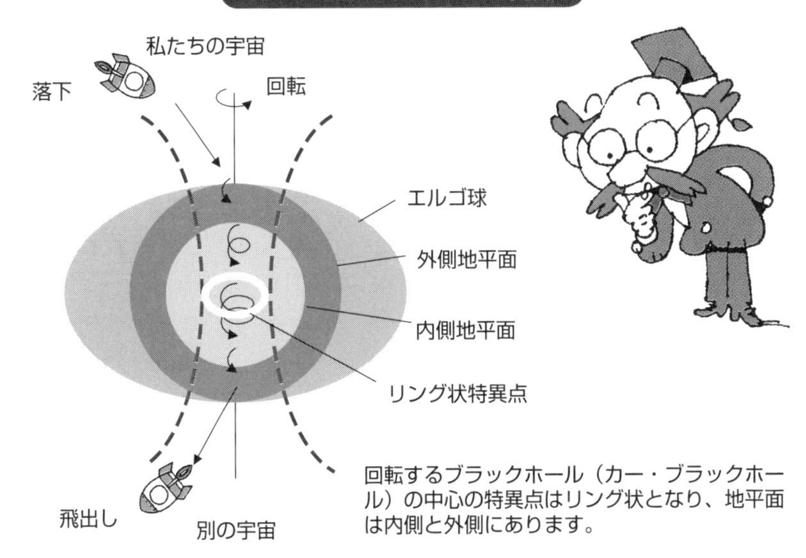

回転するブラックホール（カー・ブラックホール）の中心の特異点はリング状となり、地平面は内側と外側にあります。

瞬間移動のトンネル：ワームホール

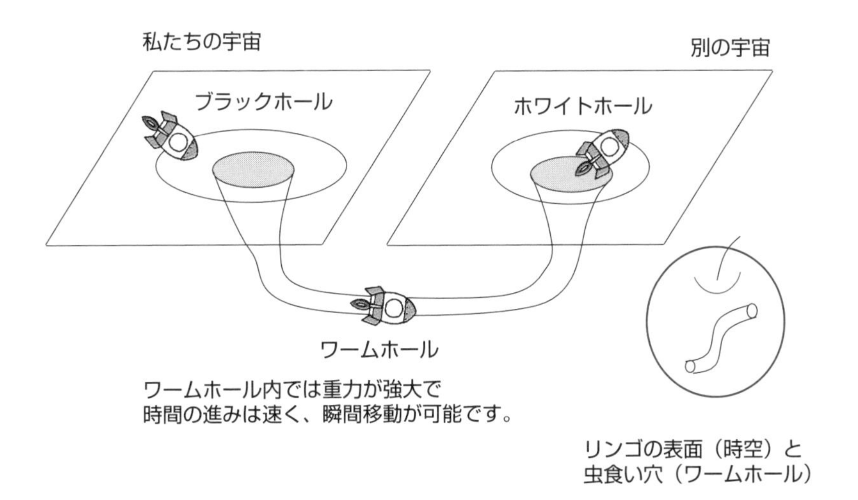

ワームホール内では重力が強大で
時間の進みは速く、瞬間移動が可能です。

リンゴの表面（時空）と
虫食い穴（ワームホール）

用語解説

ワームホール：ブラックホールとホワイトホールとを結びつける仮想的なトンネル。

58 ブラックホールの時空図は？

クルスカル図とペンローズ図

シュバルツシルト時空では、事象の地平面でひとつのメトリック（計量）成分が無限大になってしまいます[35]。そこで、事象の地平面で発散しない時空図として、クルスカル図やペンローズ図が考案されてきました（上図）。

１９６０年、クルスカルとセケレスは、この時空に対して事象の地平面でメトリックの全ての成分が無限大にならないような座標系（u, v）を見出しました。この座標系にもとづいて作られた時空図は「クルスカル図」、または「クルスカル＝セケレス図」と呼ばれています。この座標系では、相対論的な時空における因果関係を見やすくするために、光の世界線の傾きを常に±45度として、事象の地平線でも光の世界線は±45度の傾きとしました。このクルスカル座標系では、ブラックホール時空のほかに、ホワイトホール時空も表されています。

これは「最大限に拡張されたシュバルツシルト時空」と呼ぶことができます。

ブラックホールを含む時空間の因果構造を示すために頻繁に使用されるのが「ペンローズ図」です。ミンコフスキー時空（t, x）を座標変換して、事象の地平線で特異にならず、光の世界線の傾きを常に±45度に保ち、かつ、無限遠方を有限の距離に縮めた時空図（p, q）です。平坦なミンコフスキー時空は、三角形の有限領域に相当します（上図右端）。時間的無限遠（未来i^+、および過去i^-）、空間的無限遠（i^0）、光の伝播の無限遠（光的J^+、あるいはヌルJ^-）、という3種類の無限遠が明確化されています。

静止したブラックホールでは、物体は特異点に落ちてしまいますが、回転するブラックホールでは、リング状の特異点を避けて、ブラックホールからワームホール、そして、ホワイトホールを通過して、新しい宇宙に飛び出す可能性が、理論上示されています（下図）。

要点BOX

- ●クルスカル図やペンローズ図で、ブラックホールやホワイトホールの時空を図示
- ●回転のあるブラックホールでのワームホール

クルスカル図とペンローズ図

静止しているブラックホールの場合

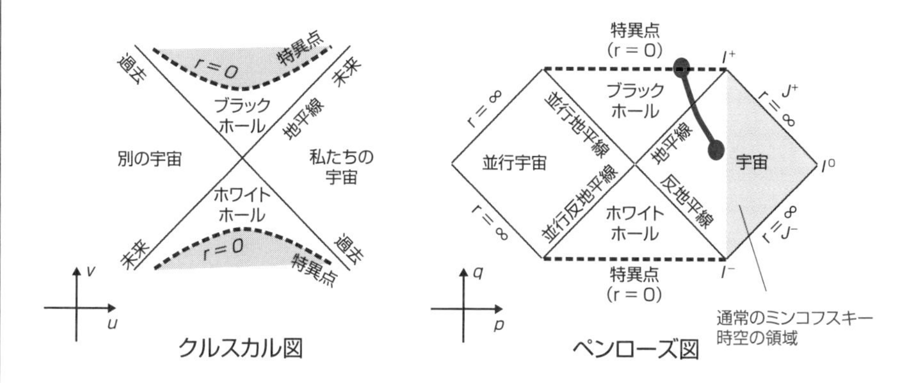

回転するブラックホールのペンローズ図

回転しているブラックホールの場合

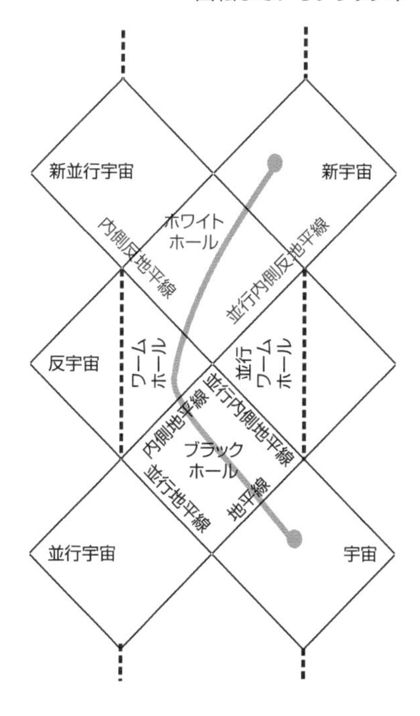

上図の静止しているブラックホールと異なり、回転するブラックホールでは、特異点がリング状となり、ワームホールを通って新しい宇宙につながっています。

59 超光速粒子は存在する？

ターディオン、ルクシオン、タキオン

相対性理論では最高速度は光速であり、それを超える運動はできません。原子炉での青い光「チェレンコフ放射」は、高速の電子が水中での光速を超えるときの現象ですが、真空中の光速を超えてはいません。また、直進する平面波を斜めから見た場合の速度（位相速度）が光速を超えることがあります。山と谷の間隔が長くなり、波の速度が速まりますが、情報伝達の速度（群速度）は光の速度を超えることはできません。

光の速度を超えない通常の物質粒子は「ターディオン（遅い粒子）」と呼ばれています。光より速い物質が存在しないのは、粒子を光速にまで加速するためには無限のエネルギーが必要だからです。

一方、質量を持たない光子や重力子（現在未発見）は、常に光速で運動しています。これらは「ルクシオン（光の粒子）」と呼ばれています。

特殊相対論の数学的枠組みのなかでは、最初から光速以上で運動している粒子は、常に光速よりも速い速度で運動し続けることが可能です。1967年に米国コロンビア大学のジェラルド・ファインバーグが提唱したこの仮想的な超光速粒子は「タキオン（速い粒子）」と名づけられました。時空図の光円錐でターディオン（円錐内）、ルクシオン（円錐面）とタキオン（円錐外）の軌跡を表すことができます（上図）。

通常のロケットでは光の速度を超えることができないので、その場所での過去からの光を見ることができません。仮に超光速ロケットがあれば、遠い過去を見ることができます。ただし、ロケットは現在の場所から遠く離れてしまったところから観測しているだけです（下図左側）。原点から出発して、ある点でUターンして元の空間の場所に戻る場合には、過去へのトラベルが可能となります（下図右側）。現状ではタキオンの存在は疑問視されていますが、完全に否定されたわけではありません。

要点BOX
- ●相対性理論から光速を超える粒子はない
- ●超光速粒子としてのタキオンは因果律に反するが、存在が否定されているわけではない

ターディオンとタキオン

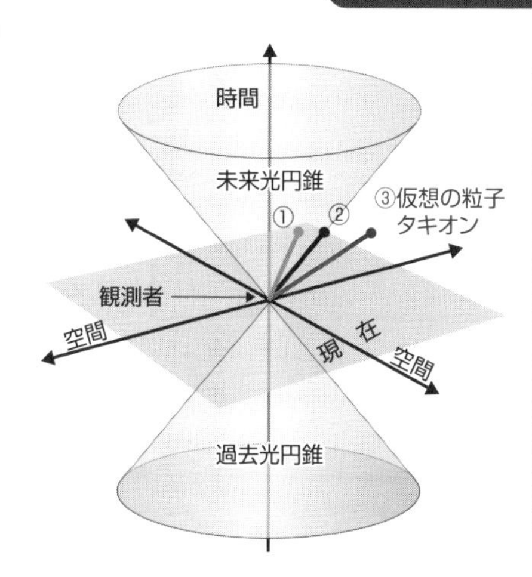

①ターディオン（光の速度より遅い粒子） 現状の質量を持つすべての粒子
②ルクシオン（ルクソン、光の粒子） 光子、ウィークボソン、グルオン、 グラビトン（未発見）
③タキオン（光の速度より速い粒子） 仮説上の虚数の質量を持つ粒子

通常の粒子①は、光円錐の内側しか運動できません。

超光速ロケットによるタイムトラベル

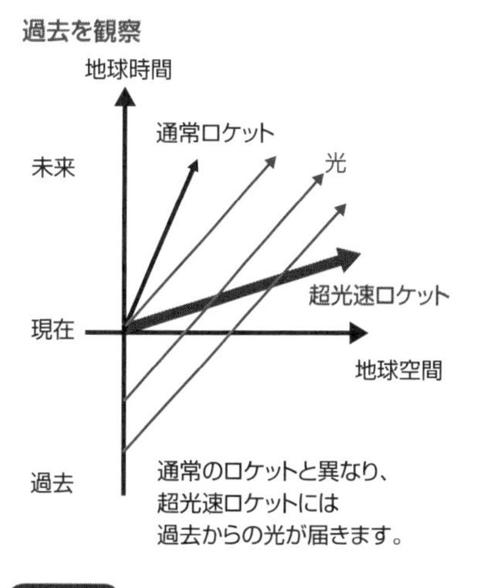

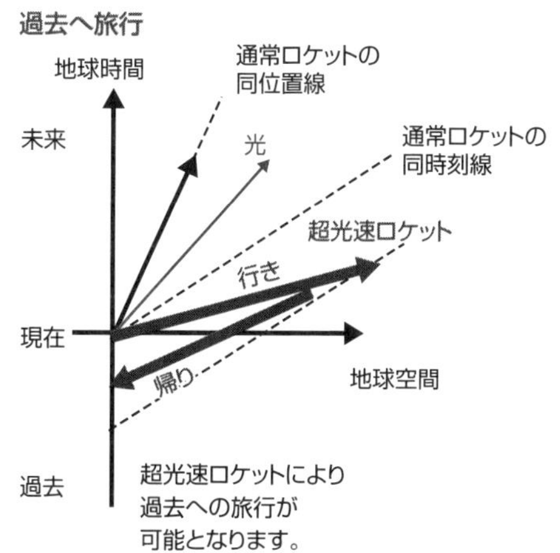

用語解説

虚数の質量：粒子の全エネルギーE（実数）は下記の式（＊）ですが、速度vが光速cを超える粒子（タキオン）では分母が虚数となり、静止質量m_0も虚数となります。

$$（＊）\quad E=\frac{m_0c^2}{\sqrt{1-\left(\frac{v}{c}\right)^2}}$$

60 量子テレポーテーションは可能か？

EPR相関

SF小説や映画では、未来技術として様々な場所からの瞬間移動（テレポーテーショ）が描かれています。物質を原子レベルまで分解して移送し、目的の場所で再構築するシナリオです。

このページでの話題「量子テレポーテーション（量子空間転移）」とは、上記のテレポーテーションと異なり、物質が移動するわけではありません。量子情報を瞬間移動させることであり、「量子もつれ（量子エンタングルメント）」に関連します。相対性理論を含めた決定論的な古典論と、事象が確率論的に定まるとする量子論との基本原理の違いに関連しており、「EPR（アインシュタイン＝ポドルスキー＝ローゼン）相関」とも呼ばれています。

例えば、1対の手袋があったとします（上図）。片方を北極に、他方を南極におのおの箱に入れて輸送したとします。どちらが右か左かはわからないことになりますが、北極で左の手袋が確認された瞬間に南極の手袋の情報が伝わることになります。実は、輸送する段階ですでに決定されていた情報であると考えることができます。これは「局所実在論」と呼ばれます。一方、1対の電子ではスピンがプラスとマイナスがありますが、片方を地球に、他方を遠くの銀河に移動させたときに、どちらがどちらとなるかは不確定性原理から同定できません（下図）。地球でスピンを確認した瞬間に遠くの銀河でのスピンが決定されます。これが量子もつれを用いた「量子テレポーテーション」であり、ボーアの量子論の考え方です。

本当は粒子のスピンの向きは決まっているが、観測者がそれを知らないだけではないかとの「隠れた変数」理論も提起されました。この問題は「ベルの不等式」の提案と1982年のアスペの実験により、最終的に量子論の正しさが証明されました。現在この技術は、量子暗号や量子コンピュータに利用されています。

要点BOX

- ●量子もつれは情報が光速を越えて伝わるので、相対性理論と相容れない?!
- ●量子テレポーテーションにより量子状態の転送

量子テレポーテーション

相対論の考え方（アインシュタイン）

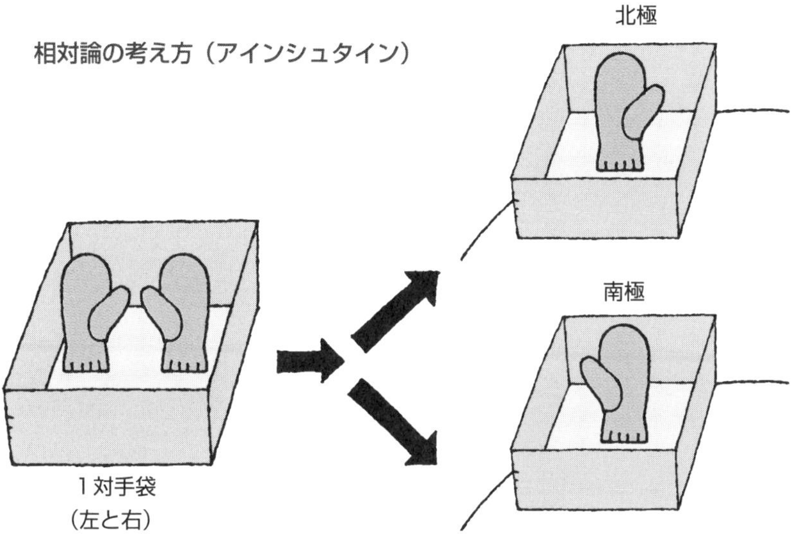

量子論の考え方（ボーア）

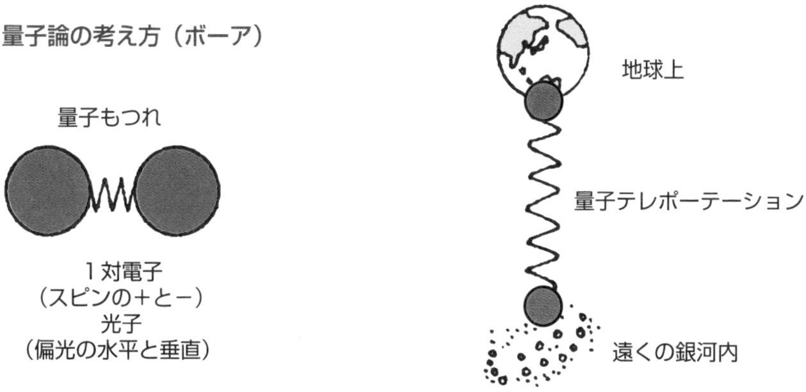

SF映画で出てくるテレポーテーション（瞬間移動）と異なり、
物質移動ができるわけではありません。

用語解説

EPR(アインシュタイン=ポドルスキー=ローゼン)パラドックス： 量子力学の完全性に関する1935年の論文での問題提起。相対論を含めた古典論では局所性実在論を基礎としていますが、量子論では観測により状態が決定されるとする非局所性理論であり、思考実験でパラドックスが生じるとの指摘。最終的には、この考えは誤りであることが、実験で検証されています。

Column

ブラックホール発生装置とは?

ブラックホール映画④「スタートレック」(2009年)

スタートレックの作者はジーン・ロッデンベリーですが、死後、世界初の宇宙葬で弔われたことは有名です。

宇宙船USSエンタープライズ号でのカーク船長、バルカン人のスポック中佐、ミスター加藤、らの登場人物が織りなす宇宙ドラマですが、宇宙船のワープ航法、人物のテレポーテーションの転送装置、など、スタートレックで初めて考案されたものです。

量子テレポーテーション(60)はこの物質の瞬間移動と異なり情報の移動です

映画の最近のシリーズとして、J・J・エイブラムス監督の第1作が、2259年を想定した「並行宇宙」64での物語です。オリジナルのプライム・タイムラインに対して、異なるタイムラインを歩み、異なる宇宙での異なる歴史をたどることになります。

ネロたちにより、バルカン星の中心に人工ブラックホールが作られ、星は完全に消滅させられてしまいます。ブラックホール発生物質としての「赤色物質」を星の内部に埋め込んで、重力の「特異点」を作り出すとしています。これは、一般相対性理論でのブラックホールの特異点35を意味していると考えられますが、膨大なエネルギー、あるいは、大質量の物質が無いかぎり、不可能な物語です。

かつて、欧州原子核研究機構(CERN)の大型ハドロン衝突型加速器(LHC)で『ミニブラックホールの生成実験が開始され、非常に危険である』との誤った情報が流れました。仮に、粒子加速・衝突により特異点ができたとしても、極微の質量・エネルギーしかないので、現実の世界にはまったく影響はありません。

スタートレックでのUSSエンタープライズ号

「スタートレック」
原題: Star Trek
原作:ジーン・ロッデンベリー
製作:2009年　米国
監督:J.J.エイブラムス
出演:クリス・パイン、
　　ザカリー・クイント
配給:パラマウント映画

第10章

未来の宇宙進化

61 宇宙の膨張は光速を超えている？

空間の超光速膨張

宇宙の誕生から現在までの宇宙の膨張を考えてみましょう。宇宙は量子ゆらぎからの多重発生した一つの宇宙として誕生したとの理論があります。その後、瞬間的な「インフレーション」（指数関数的な急膨張）が起こり、この急膨張に伴う放射エネルギーにより熱いビッグバン（大爆発）が始まります（上図）。その後、しばらくは光が直進できない「暗黒時代」が続き、宇宙誕生から38万年後に、ようやく「宇宙の晴れ上がり」となります。現在観測されている「宇宙マイクロ波背景放射（CMBR）」はこのときの放射であり、観測結果にはこのときの時空のゆらぎにより生成された「原始重力波」の痕跡も残っていると考えられています。

私たちの宇宙は、宇宙の晴れ上がり以降も膨張を続けています。ハッブルの法則からわかるように、宇宙は地球からの距離に比例した速度で膨張しています。したがって、はるか彼方では膨張速度が光の速度を超えることになります。これは相対性理論と矛盾するかのように思われます。空間に存在する物質の情報が伝わる速度が光速以下であることが相対性理論の原理ですが、一方、宇宙の膨張とは空間そのものが光速以上で膨張している現象であり、情報が光速以上で空間を伝わるわけではありません。

現在の宇宙の年齢は138億年です。宇宙生成時からの円錐状の光の軌跡を宇宙図（下図）に描くことができます。任意の時空からの光が、現在の私たちの地球に届くわけではありません。宇宙図の中のしずく状の空間の表面からの光のみが、私たちに届いています。例として、100億年前の天体からの光を見てみましょう。天体からの光はしずく状の面の軌跡を通って地球に到達します。宇宙空間自体は光のおよそ3倍の速度で膨張し続けていて、現在の観測可能な宇宙（可視宇宙）の直径は930億光年と考えられています。

要点BOX

- ●宇宙の膨張速度は、光の速度の3倍以上
- ●宇宙空間の膨張であり、相対論と矛盾しない
- ●観測可能な宇宙の大きさは直径930億光年

宇宙の誕生とインフレーション

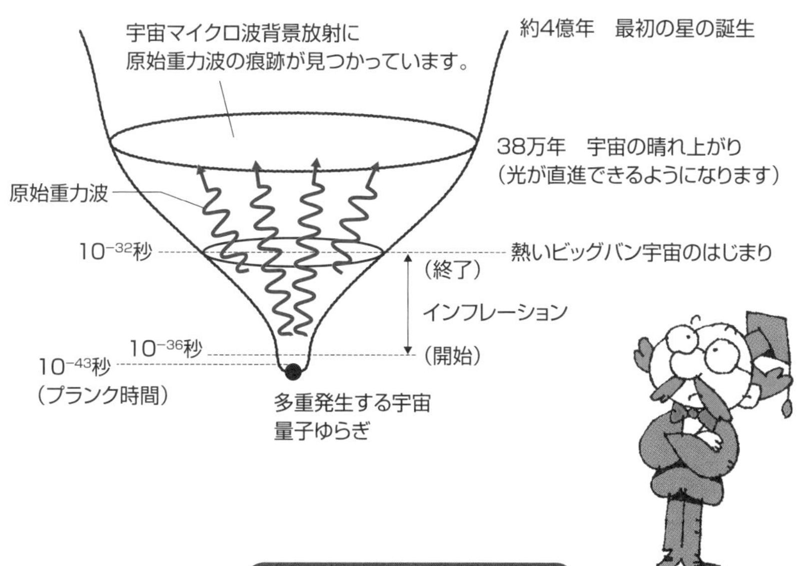

宇宙空間の膨張の宇宙図

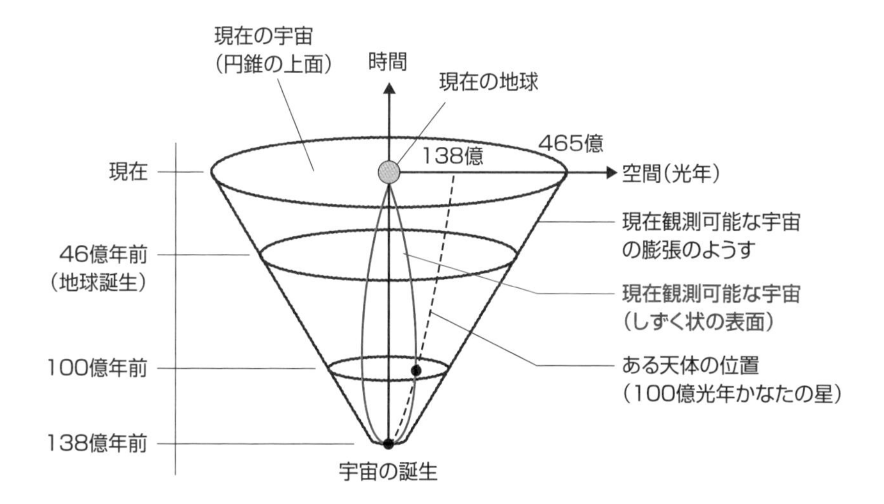

用語解説

宇宙マイクロ波背景放射：初期宇宙からの光子が、宇宙膨張とともに温度を下げ、マイクロ波領域にピークを持つようになった放射。1946年にガモフにより理論的に予言され、1965年に米国ベル研究所のペンジアスとウィルソンにより偶然発見されました。

62 暗黒物質とは？

強重力のダークマター

通常の物質は電子と原子核から構成されており、光や電磁波の放射や吸収が行われます。質量を持ったこの物質は「バリオン物質」と呼ばれており、宇宙の星や銀河はこの光や電磁波で観測することができます。

一方、宇宙には、万有引力が働くものの、電磁波を放射しない物質があります、これを「暗黒物質（ダークマター）」と呼びます。２０１３年の欧州宇宙機関のプランク衛星による観測結果では、宇宙のバリオン物質は約５％で、暗黒物質はそのおよそ５倍の27％、そして、残りの４分の３に相当する68％が宇宙膨張の斥力に関連する「暗黒エネルギー（ダークエネルギー）」です。

暗黒物質の観測のための方法として、一般相対性理論で説明される重力レンズ効果41が使われています。この重力レンズ効果の割合から、暗黒物質の３次元構造の解明もなされてきています。

暗黒物質の存在の間接的な例として、銀河の回転速度の半径依存性があります。私たちの太陽系は回転する天の川銀河の中心からおよそ２万５千光年の場所にありますが、観測可能な質量を考えると、回転エネルギーが重力エネルギーに等しいとして、回転速度は半径の平方根に反比例することになります。実際には速度はほぼ一定で（上図）、分布している質量が半径に比例することになります。これは「銀河の回転曲線問題」と呼ばれており、銀河系内に観測不可能な物質（暗黒物質）があることが示唆されています。他方、このような暗黒物質を仮定せずに、力学の法則を修正することで平坦な回転速度を説明しようとする試みもなされています。

暗黒物質は、質量を持ち電荷がない安定な粒子から構成されていると考えられますが、これを説明するためのさまざまな仮想粒子が検討され、量子論と一般相対論との統合・発展がなされてきています。

要点BOX

- ●暗黒物質は宇宙の物質のおよそ4分の1
- ●銀河の回転曲線問題が、暗黒物質の存在の間接的証明

銀河系の回転とダークマター

速度vの質量mの物体の運動エネルギー　$E_K = \frac{1}{2} mv^2$

天体(質量M)での質量mの物体の重力エネルギー　$E_G = G \frac{Mm}{r}$

$E_K = E_G$ の場合 $v = \sqrt{2G\frac{M}{r}}$ (vが一定の場合にはMは回転半径 rに比例)

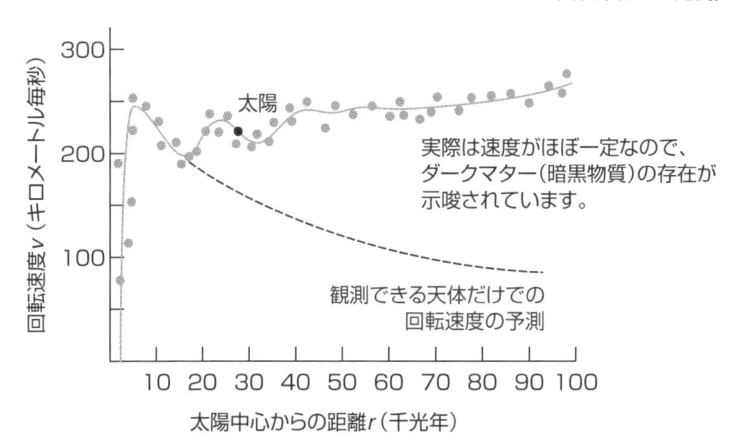

暗黒物質と暗黒エネルギー

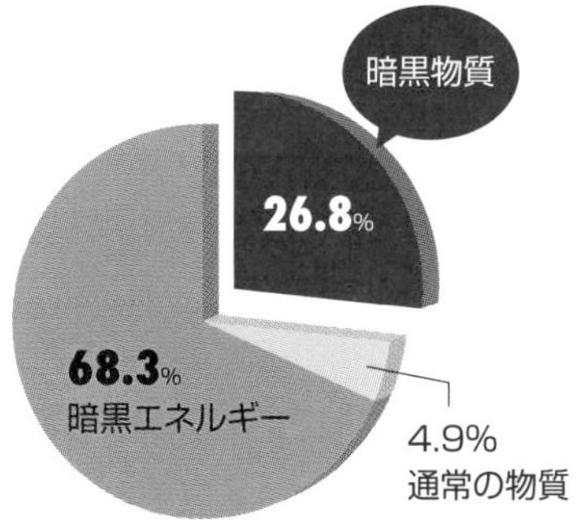

数字は欧州宇宙機関のプランク衛星の観測データによる

通常の物質
　陽子、中性子からなるバリオン(重粒子)物質

暗黒物質
　電磁相互作用がないが万有引力作用がある物質

暗黒エネルギー
　宇宙膨張の斥力(負の重力)エネルギー

用語解説

暗黒物質(ダークマター):重力相互作用があるが、他の作用がほとんどない物質であり、候補として、天体物理学からのMACHO(質量を持つコンパクトなハロー天体、意味は「男性的」)や、素粒子物理学からのWIMP(相互作用をほとんど起こさない重い質量の粒子、意味は「弱虫」)などが検討されています。

63 宇宙に反重力がある？

暗黒エネルギー

私たちの宇宙は真空の量子ゆらぎから始まり、急激なインフレーションとビッグバンの後に減速し、宇宙の大きさが現在の3分の2ほどで減速から加速に変化し、今なお加速膨張が続いています。引力だけでは一様減速で、最終的に膨張が止まり、収縮に転じると考えられます(図)。

現在の宇宙の加速膨張を理解するには、反重力(重力斥力)が必要になります。これを「暗黒エネルギー(ダークエネルギー)」と言います。

ニュートンの万有引力の法則を拡張したアインシュタインの一般相対性理論の宇宙方程式からは、膨張力は出てきません。定常的な宇宙を考えるために、特殊な定数「宇宙定数」(正の場合は斥力、負の場合は引力)が導入されました。アインシュタインは、これが『人生の最大の過ち』であったと語ったとされていますが、宇宙の加速膨張を表すこの定数が役立っています。

暗黒エネルギーを表すためには、一般相対性理論での宇宙項があり、もう一つは素粒子としての「クインテッセンス」があります。宇宙定数は時間的に変化せず一定ですが、クインテッセンスは動的で時間的に変化可能です。運動エネルギーとポテンシャルエネルギーとの比率で、引力となったり斥力となったりします。

古代ギリシャのアリストテレスは地界での4つの物質(風、火、水、土)に加えて、天界では第5の物質で満たされているとしました。これは、「純粋な第5物質」の意味で、ラテン語で *quinta essentia* (クインタ・エッセンシア)と呼ばれていました。現代物理学での4つの力(重力、電磁力、強い力、弱い力)以外の「第5の力」として、このラテン語にちなんで「クインテッセンス」と名づけられており、未知の素粒子であると想定されています。宇宙誕生のときの真空のエネルギーと同じと考えることもできます。

要点BOX

- ●暗黒エネルギーは反重力(反発する重力)
- ●反重力としてのアインシュタインの宇宙定数
- ●第五の力としてのクインテッセンス

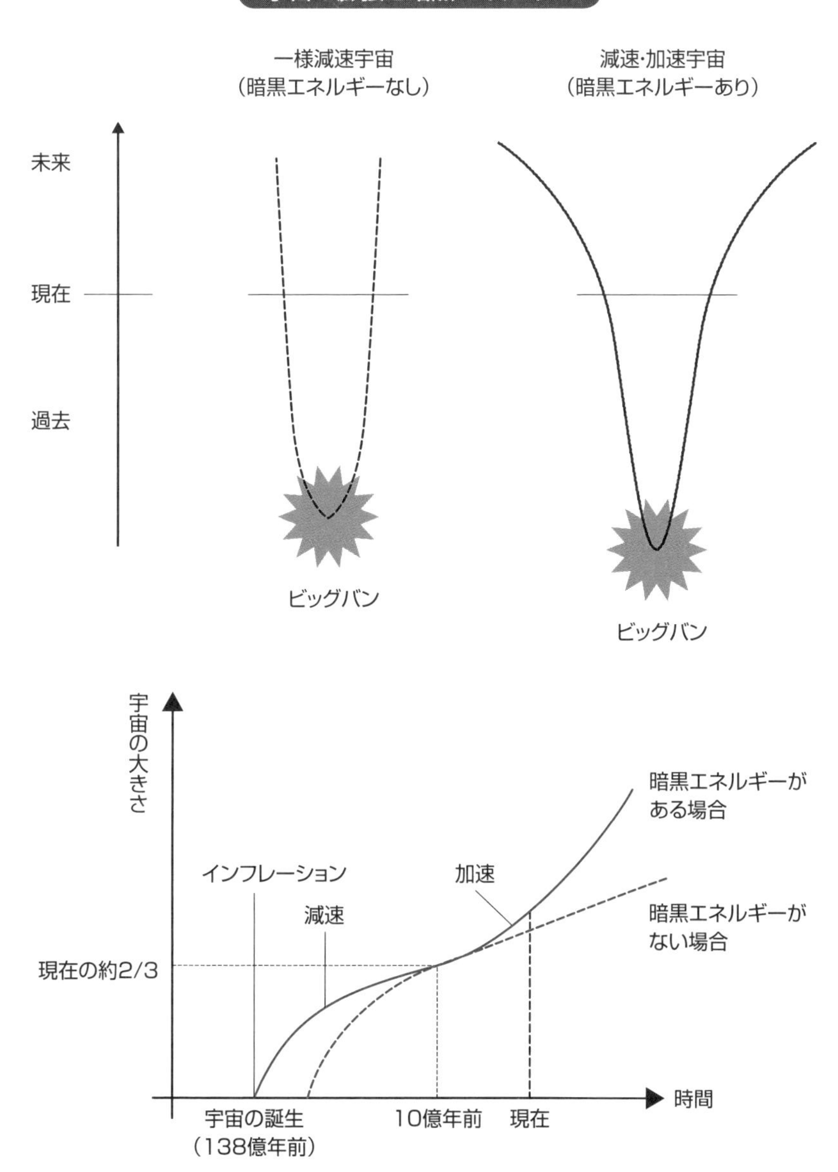

用語解説

暗黒エネルギー（ダークエネルギー）：宇宙全体に分布し、宇宙の拡張を加速していると考えられる仮想エネルギーであり、一般相対性理論のアインシュタイン方程式の宇宙項に相当します。また、素粒子物理学での第5の力に関する粒子としてのクインテッセンスを意味します。

64 たくさんの宇宙がある？

多元宇宙論

私たちの宇宙（ユニバース）とは別に、同じような宇宙が多数あり、同じ地球の上で同じ人間が生活しているのではないかという考えがあります（上図）。「多元宇宙」「多重宇宙」（マルチバース）あるいは「並行宇宙」（パラレルワールド）と呼ばれており、しばしばSFとして話題になっています。

私たちの物質の世界に対して反物質で構成された「反宇宙」や、親宇宙から子宇宙、孫宇宙への「泡宇宙」もあるのではないかとの仮説もあります。量子力学の原理においては、多世界解釈があり、『量子力学的な〝選択〟が行われるごとに、可能なすべての宇宙が枝別れして、それらすべてが実在の宇宙となる』との考えがあります。

また、素粒子の超ひも理論と「膜宇宙」（ブレーンワールド）において、他のブレーン（膜）での異なる宇宙の存在が考えられています。

重力は電磁力に比べて非常に小さな値です。ディラックにより提唱された「大数仮説」に従えば、素粒子間の電磁力と重力との比は10の40乗（10^{40}）です。宇宙と素粒子の大きさの比や、宇宙にある陽子の数の平方根も近似的に10の40乗であるという説です。この重力の作用は、交換粒子「グラビトン（重力子）」によりなされますが、未だ発見されていません。重力子の作用に関して、私たちの5次元膜宇宙（4次元時空＋1次元膜）から離れた隣の膜宇宙に重力の源があり、私たちの宇宙への作用は極めて弱いとの仮説も試みられています（下図）。

多重宇宙や反宇宙の存在は現状では実験的検証が不可能です。人類がその可能性の是非を検証できるのは、現在の「地球文明」から「惑星文明」へと発展し、反物質を利用するであろう「恒星文明」、そして、ブラックホールのエネルギーをも利用でき、超光速航行技術やワープ航法を駆使できるであろう「銀河文明」へと発展できた超遠未来であるかもしれません。

要点BOX
- ●多元宇宙、反宇宙の存在は検証不可能
- ●力の交換子グラビトンは未発見
- ●5次元膜宇宙仮説で自由に動くグラビトン

多元宇宙（マルチバース）のイメージ

検証不可能な仮説

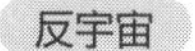

（アンチユニバース）
対称性の破れで反物質なし!

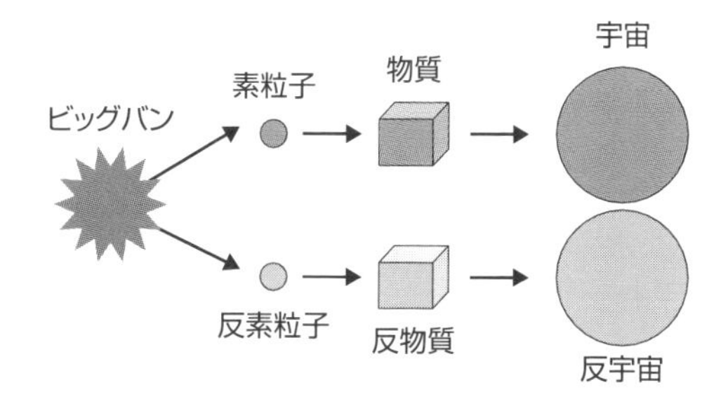

泡宇宙

（バブル・ユニバース）
宇宙の泡構造?

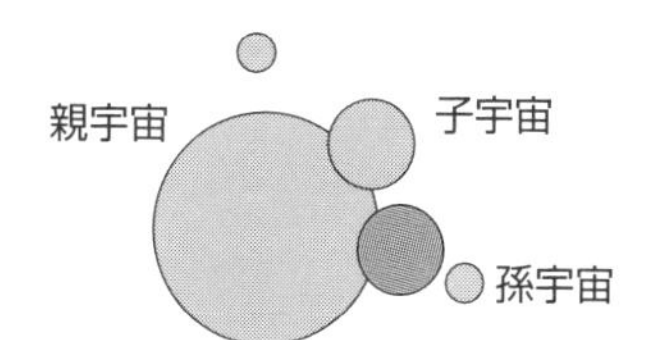

膜宇宙

（ブレーン・ワールド）
重力子は別の膜宇宙から?

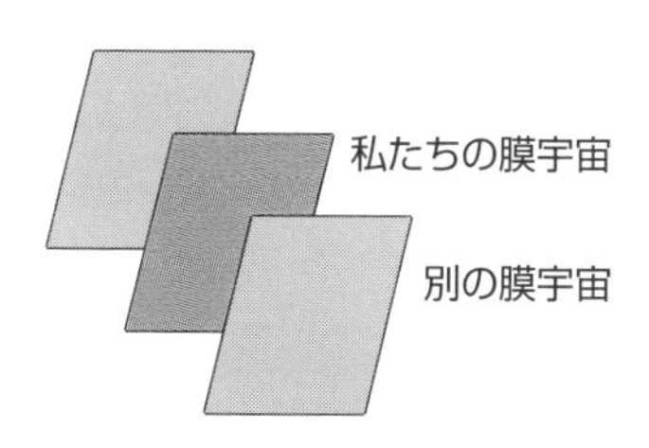

膜宇宙仮説と重力子の作用

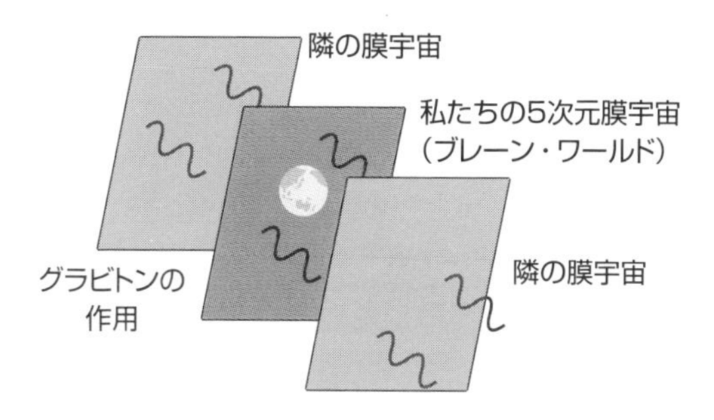

用語解説

重力子（グラビトン）：力を伝達する素粒子（交換子）のうち、重力を伝達する素粒子であり、現在未発見の素粒子です。

65 宇宙の未来は？

ビッグフリーズ、ビッククランチ

　私たちの宇宙はビッグバンでの誕生から１３８億年が経ち、膨張しながら現在に至っています。宇宙はあと何億年続くのでしょうか？
　宇宙空間は現在も光速以上の速度で膨張していますが、その膨張が続いて静かな「熱的死」の空間となってしまうのか、あるいはいつか収縮に転じて１点に収縮して「ビッグクランチ」として消滅してしまうのか、いずれになるのかは、宇宙の斥力としての「暗黒エネルギー」と、引力としての「暗黒物質」との宇宙の分布量などで決まることになります。
　宇宙の終焉の仮説として、開いた宇宙モデル、周期宇宙モデル、そして、閉じた宇宙モデルがあります。
　開いた宇宙では、宇宙を膨張させようとする暗黒エネルギーが優勢で、宇宙が超光速で加速・膨張を続け、物質も消滅して熱的な死を迎えます。これが「ビッグフリーズ」です。物質も光速を超えて電磁力や核力も働かなくなりバラバラに裂かれて、宇宙の終焉を迎えるのが「ビッグリップ」です。巨大ブラックホールの生成、合体、エネルギー放射を経て終焉を迎えるモデルもあります。また、真空には揺らぎのエネルギーがありますが、現在の宇宙の真空からエネルギーの低い「真の真空」への相転移による終焉も考えらえます。
　引力が働く暗黒物質が優勢になると、宇宙が１点に収縮していきます。これは「ビッグクランチ」と呼ばれるモデルです。収縮後に反動で跳ね返って周期振動を行う「ビッグバウンス」モデルもあります。
　以上のどのモデルで宇宙の未来を語れるのかは明らかではありませんが、宇宙の物質の大半を占める正体不明の「暗黒物質」の分布を「重力レンズ効果」等で調べた結論として、私たちの宇宙が今後１４００億年以上は存在し続けるであろうことがわかっています。現在の宇宙の年齢は１３８億才ですので、少なくともあと10倍の「余命」がある計算になります。

要点BOX

- ●開いた宇宙の未来はビッグフリーズなど
- ●閉じた宇宙の未来はビッグクランチ
- ●未来は暗黒物質と暗黒エネルギーの比で決まる

宇宙の終焉仮説

●開いた宇宙モデル

ビッグフリーズ

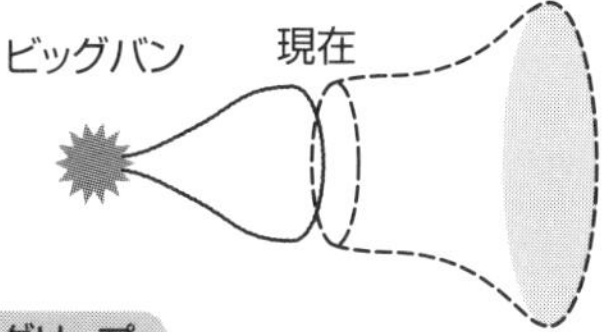

暗黒エネルギーが大で
膨張し続けて物質が消滅します。
「熱的死」

ビッグリップ

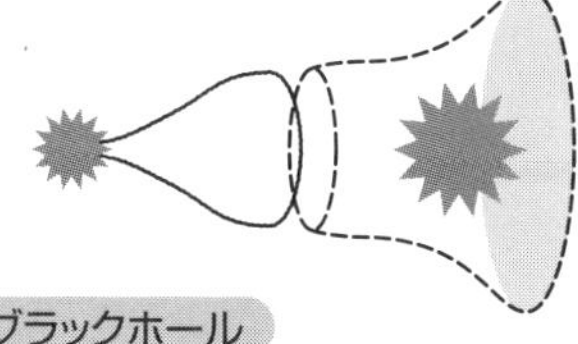

物質が光速を超えて
力が働かなくなり、
物質がばらばらに裂かれて終焉します。
（素粒子物理学）

巨大ブラックホール

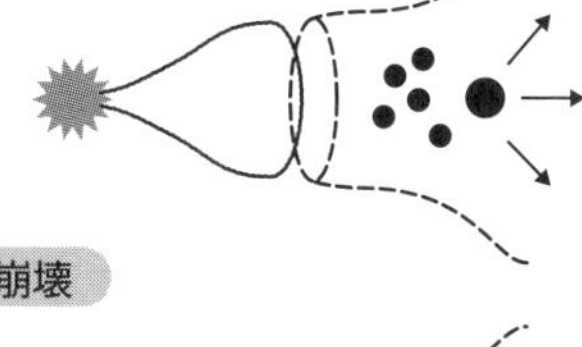

巨大ブラックホールが生成、
合体、そしてエネルギー放射により
終焉します。

真空崩壊

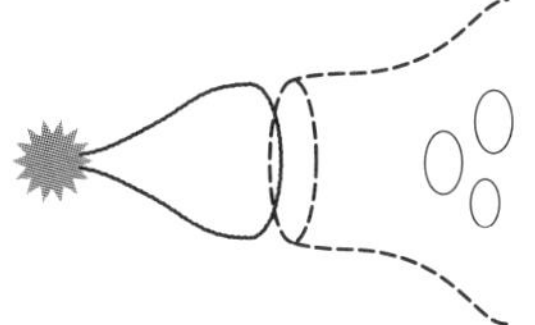

現在のエネルギーの高い真空から
エネルギーの低い「真の真空」へと転移します。
（素粒子物理学）

●周期宇宙モデル

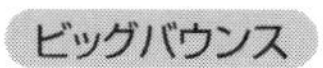

暗黒物質と
暗黒エネルギーとのバランスで
周期的に跳ね返ります。

●閉じた宇宙モデル

ビッグクランチ

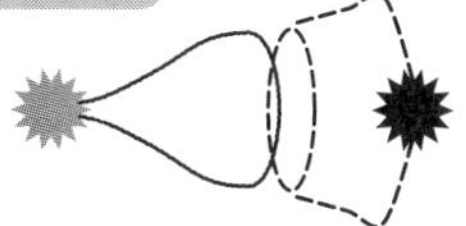

暗黒物質が大で
宇宙が一点に収縮し消滅します。

Column

並行宇宙が存在する?

ブラックホール映画⑤「インターステラー」(2014年)

人類最大の未知の課題の一つは、「宇宙の果て」の理解です。現在の宇宙は光よりも速く膨張していることが分かっています。光で観測されている宇宙の果ては138億光年ですが、さらに遠方の直径940億光年が私たちの宇宙の果てと考えられています 61 。

宇宙の果ての外には巨大なブラックホールがあるとの仮説があり、無限の広がりとして膨大な数の別の宇宙(並行宇宙)があるとの仮説 64 もあります。宇宙はユニバース(ひとつのまとまり、宇宙)からマルチバース(複数のまとまり、多元宇宙)と呼ぶ必要があります。

映画「インターステラー」では、近未来社会において、地球環境変化、異常気象、食料危機などにより人類の滅亡が迫っています。人類の未来を守るため、第2の地球を探しに未知の宇宙へと旅立っていく元宇宙飛行士クーパーと、10歳の娘マーフィーとの愛が描かれています。暗黒物質 62 やブラックホールも映像化されています。クーパーは土星の近くのワームホール 57 を通り、別の銀河へと旅立ち、新天地を見つけます。

映画では、ポルターガイストのように書棚の本が動くことで、別宇宙の父からのサインであることを、年老いた娘は感じることになります。

本映画の製作総指揮のひとりは米カルフォルニア工科大学のキップ・ソーン博士であり、ブラックホールやワームホールが最新の理論により正確に映像化されています。ブラックホールにも降着円盤があり、向こう側の光が重力レンズ効果 41 で球状ブラックホールの周りの光の環が生成される計算結果です。また、ブラックホールからの脱出に、ペンローズ過程 53 が応用されています。

重力レンズ効果などを含めて計算された
ブラックホールの映画画像

「インターステラー」
原題:Interstellar
製作:2012年 米・英
監督:クリストファー・ノーラン
出演:マシュー・マコノヒー、アン・ハサウェイ
配給:パラマウント映画

【参考図書】

「楽しみながら学ぶ物理入門」 山﨑耕造著 共立出版 2015年
「トコトンやさしい宇宙線と素粒子の本」 山﨑耕造著 日刊工業新聞社 2018年
「トコトンやさしいエネルギーの本（第2版）」 山﨑耕造著 日刊工業新聞社 2016年
「トコトンやさしい太陽の本」 山﨑耕造著 日刊工業新聞社 2007年
「トコトンやさしいプラズマの本」 山﨑耕造著 日刊工業新聞社 2004年

【参考ウエブサイト】

天文学会 天文学辞典 http://astro-dic.jp
物理学会 物理学70の不思議 https://www.jps.or.jp/books/gakkaishi/70wonders.php
文部科学省 一家に1枚シリーズ https://stw.mext.go.jp/series.html

今日からモノ知りシリーズ
トコトンやさしい
相対性理論の本

NDC 421.2

2020年 1月17日 初版1刷発行

©著者　山﨑耕造
発行者　井水治博
発行所　日刊工業新聞社
東京都中央区日本橋小網町14-1
（郵便番号103-8548）
電話　編集部　03(5644)7490
販売部　03(5644)7410
FAX　03(5644)7400
振替口座　00190-2-186076
URL　http://pub.nikkan.co.jp/
e-mail　info@media.nikkan.co.jp
印刷・製本　新日本印刷（株）

●DESIGN STAFF
AD————志岐滋行
表紙イラスト————黒崎　玄
本文イラスト————小島サエキチ
ブック・デザイン——大山陽子
（志岐デザイン事務所）

●
落丁・乱丁本はお取り替えいたします。
2020 Printed in Japan
ISBN　978-4-526-08033-3　C3034

●著者略歴
山﨑　耕造（やまざき・こうぞう）
1949年　富山県生まれ。
1972年　東京大学工学部卒業。
1977年　東京大学大学院工学系研究科博士課程修了・工学博士。
名古屋大学プラズマ研究所助手・助教授、核融合科学研究所助教授・教授を経て、2005年4月より名古屋大学大学院工学研究科エネルギー理工学専攻教授。その間、1979年より約2年間、米国プリンストン大学プラズマ物理研究所客員研究員、1992年より3年間、(旧)文部省国際学術局学術調査官。2013年3月 名古屋大学定年退職。

現在　名古屋大学名誉教授、
自然科学研究機構核融合科学研究所名誉教授、
総合研究大学院大学名誉教授。

●主な著書
「トコトンやさしいプラズマの本」、「トコトンやさしい太陽の本」、「トコトンやさしい太陽エネルギー発電の本」、「トコトンやさしいエネルギーの本　第2版」、「トコトンやさしい宇宙線と素粒子の本」、「トコトンやさしい電気の本　第2版」、「トコトンやさしい磁力の本」(以上、日刊工業新聞社)、「エネルギーと環境の科学」、「楽しみながら学ぶ物理入門」、「楽しみながら学ぶ電磁気学入門」(以上、共立出版)など。